LE PROBLÈME

Dr ANTOINE CROS

——

LE PROBLÈME

NOUVELLES HYPOTHÈSES

SUR LA DESTINÉE DES ÊTRES

PARIS

GEORGES CARRÉ, ÉDITEUR

58, RUE SAINT-ANDRÉ-DES-ARTS

——

MDCCCXC

L'âme existe-t-elle ? A-t-elle commencé ?
Est-elle périssable? Est-elle éternelle?

Comment le monde a-t-il été créé, comment est-il et sera-t-il créé ? Est-il réel ou
illusoire? Comment peut-on concevoir le fait
de la création, et en comprendre le mécanisme général.

Comment est constitué et structuré l'univers ?

Que faut-il appeler force ? Que faut-il appeler matière ?

Que doit-on entendre par les mots Dieu,
âme, nature, substance, cause, puissance, fatalité, hasard, destinée ?

Pourquoi la mort? Pourquoi la vie ? D'où venons-nous? Où allons-nous?

Pourquoi la douleur?

Pourquoi y a-t-il quelque chose ?

Plusieurs sectes florissantes de nos jours, et même plusieurs corps savants, tout au moins un grand nombre de personnes instruites, graves et renommées pour les méthodes positives qu'elles possèdent, déclarent la plupart de ces questions, et quelques autres qui s'y rattachent, absolument et à jamais insolubles.

Insoluble à jamais est pour ces écoles le Problème de la Destinée.

Un vrai savant doit croire une question insoluble, seulement si l'impossibilité de la résoudre lui est exactement et clairement démontrée. Dans l'ordre scientifique, l'incrédulité, au même titre que la crédulité, est le signe d'une légèreté blâmable.

Sans doute, l'homme, être fini et distinct, est obligé de s'arrêter devant l'Inconnu. Cet inconnu, rencontré de toutes parts, semble lui barrer le passage comme une muraille d'airain. Illusion! la muraille n'est faite que de ténèbres, sans cesse elle recule sous l'effort du travail et du génie.

Cet heureux recul ne se produit jamais sans l'application d'une fonction nécessaire. Cette fonction, c'est l'*Hypothèse*. Elle est l'âme de toute science.

Il faut imaginer, deviner, créer, avec les notions acquises du réel déjà possédé et du possible déjà circonscrit, ce qui se passe *peut-être* dans l'invisible.

On n'atteint pas du premier coup à la certitude par la construction d'une hypothèse; mais quand cette construction a été bien faite, on s'aperçoit que le domaine de la science s'est agrandi, que le connu est mieux connu encore.

Je m'occuperai peu de l'Incogniscible.

Une sorte d'instinct parfaitement inné nous apprend qu'il y a un incogniscible absolu. Je n'ai rien de plus à en dire.

Il y a aussi une incogniscible relatif et temporaire. On le constate aisément, dans une question, par l'impossibilité d'édifier une hypothese ou une théorie qui en puisse fournir une explication rationnelle.

Une question donnant lieu à la conception d'une hypothèse première, cette *hypothèse* développée devenant *théorie*, cette théorie faisant naître en notre entendement l'idée « claire et distincte » d'un mécanisme possible expliquant les faits observés d'où est née la question, cette question n'est pas insoluble. Elle est près d'être résolue.

Ai-je fait quelque chose de pareil à cela, et l'ai-je tracé en ce livre? Je l'ai du moins tenté, prenant grand soin d'éliminer *l'absurde*, ce dont les sectaires de toutes les écoles se préoccupent, selon moi, trop peu.

J'ai pensé, médité, et formulé mes idées, avec la plus sereine indépendance d'esprit.

C'est pour un petit nombre de lecteurs, je le sais, que j'ai écrit ces pages; je prie ceux d'entre eux qui trouveraient, en leurs études ou en leurs méditations, des éléments confirmatifs de mes hypothèses, de vouloir bien me les faire connaître ; je les prie aussi de m'adresser leurs objections et leurs critiques.

Combattre une erreur vieille ou naissante est presque aussi beau que découvrir une vérité nouvelle.

CHAPITRE PREMIER

Ce chapitre lapidaire contient toute la doctrine. Dans les autres sera développée la discussion du problème, et seront indiqués des corollaires dérivant de la solution hypothétique.

LE DOMAINE ESSENTIEL DE L'AME EST UN ATOME.

UNE AME, UN MOI, UN ÊTRE, UNE ENTÉLÉCHIE,

UNE PUISSANCE CRÉATRICE DE RYTHMES ET DE FORMES,

UNE ESSENCE, UNE CAUSE PERSONNELLE,

TOUT CELA N'EST QU'UNE MÊME CHOSE.

LA GRANDEUR DE CE DOMAINE DE L'AME

PEUT ÊTRE CONSIDÉRÉE

COMME INFINIMENT PETITE.

ELLE EST CEPENDANT — IL LE FAUT — RÉELLE ;

SINON, ELLE NE SERAIT PLUS UNE GRANDEUR,

ELLE NE SERAIT RIEN.

*
* *

CET ATOME EST UN UNIVERS.

OR EN CET UNIVERS, DOMAINE ET ROYAUME DE L'AME,

ON EST CONTRAINT D'ADMETTRE COMME POSSIBLES

D'AUTRES ÊTRES ET DES CHOSES DE GRANDEURS FINIES.

CE DOMAINE, CE ROYAUME,

COMPARATIVEMENT A CES GRANDEURS,

DOIT ÊTRE CONSIDÉRÉ COMME INFINIMENT GRAND.

DES ESSENCES, DES AMES

PEUVENT Y MANIFESTER LA VIE,

Y DÉVELOPPER L'EXISTENCE

EN DES FORMES ORGANISÉES.

*
* *

L'ORGANE ESSENTIEL DE L'AME EN SON DOMAINE ATOMIQUE

PEUT ÊTRE REPRÉSENTÉ PAR UNE COURBE,

SOIT UNE SPIRALE LOGARYTHMIQUE

NON TRACÉE SUR UN PLAN,

MAIS SE DÉVELOPPANT DANS L'ESPACE EN HÉLICE ELLIPTIQUE,

LE CERCLE, CAS PARTICULIER DE L'ELLIPSE, ÉTANT RAREMENT RÉALISÉ.

UNE TELLE COURBE S'ENROULE VERS UN CENTRE ASYMPTOTE,

EN VERTU DE LA LOI DE SA CONSTRUCTION,

ELLE TEND PERPÉTUELLEMENT VERS L'INFINIMENT PETIT ABSOLU,

ELLE PEUT ÉLARGIR SES VOLUTES

INDÉFINIMENT DANS LE SENS DIVERGENT

C'EST-A-DIRE VERS L'INFINIMENT GRAND DE L'ESPACE.

*
* *

LA MATIÈRE OU PLUTOT L'ESPACE LIMITÉ

NOUS APPARAIT COMME IDÉALEMENT DIVISIBLE A TOUJOURS.

L'ATOME, DOMAINE DE L'AME, N'EN EST PAS MOINS,

COMME TOUS LES ATOMES, PHYSIQUEMENT INDESTRUCTIBLE A JAMAIS.

IL N'EST PAS NÉCESSAIRE DE SUPPOSER LA COURBE ESSENTIELLE

MODIFIABLE EN SES RAPPORTS INDIVIDUELS.

AINSI L'ÊTRE PORTE AVEC LUI SA LOI,

IL EST SA PROPRE LOI.

*
* *

CHAQUE ATOME EST UN UNIVERS,

SOIT RÉALISÉ,

LE PROBLÈME

SOIT EN ÉVOLUTION PRIMORDIALE.

CHAQUE ATOME, DOMAINE D'UNE AME,

EST RÉALISÉ EN PHASES ÉVOLUTIVES

D'INFINIMENT PETITS EN INFINIMENT PETITS

DONT LE NOMBRE SE PERD VERS L'ORIGINE INFINIE.

*
* *

L'ORGANE PERMANENT DE L'AME

EST COMPARABLE

AUX HÉLICES

D'INSTRUMENTS CRÉÉS ET CONSTRUITS

PAR L'INDUSTRIE HUMAINE

ET D'UN USAGE DÉJA COMMUN EN NOTRE SIÈCLE.

CES HÉLICES SONT DESTINÉES A RECUEILLIR ET A ENREGISTRER

DES MOUVEMENTS, C'EST-A-DIRE DES RYTHMES,

PAR L'EFFET D'UN TRÈS SIMPLE DISPOSITIF.

OR, TOUTE L'EXISTENCE CONSCIENTE DES ÊTRES VIVANTS

SE COMPOSE DE SÉRIES ET D'ENSEMBLES DE SENSATIONS;

ET TOUTES LES SENSATIONS ONT POUR CAUSES EXTÉRIEURES

UNIQUEMENT DES RYTHMES,

ELLES S'INSCRIVENT TOUTES EN MODE RYTHMIQUE

SUR LA COURBE INDIVIDUELLE.

*
* *

CETTE COURBE PEUT RECEVOIR AINSI, ET ELLE REÇOIT

UN GRAND NOMBRE D'IMPRESSIONS DU MONDE EXTÉRIEUR,

DES MILIEUX OU SE DÉVELOPPE L'ÊTRE VIVANT,

CELLES NOTAMMENT CONSTITUANT LES FORMES ET LES STRUCTURES

DE SON ORGANISME CORPOREL;

CET ORGANISME S'Y REPRÉSENTE EN MODE RYTHMIQUE,

AINSI QUE TOUTES LES AUTRES FORMES PERÇUES PAR LES SENS

ET LES INFLUENCES

OU IMAGES DES CHOSES NON SENTIES,

MAIS SEULEMENT AYANT AGI PAR DYNAMIQUE RYTHMÉE

SUR LES ORGANES PARTICIPANTS A LA VIE.

DE TELLES INSCRIPTIONS DE RYTHMES PEUVENT TOUJOURS,

PAR RÉVERSIBILITÉ MÉCANIQUE,

AU MOYEN D'UN DISPOSITIF SIMPLE,

RESTITUER LES IMPRESSIONS REÇUES

SOIT EN FORMES

RECONSTITUÉES DANS L'ESPACE,

EN LEURS TROIS DIMENSIONS,

SOIT EN COMBINAISONS RYTHMIQUES PROPREMENT DITES.

LE PROBLÈME

*
* *

APRÈS LA MORT,

L'ÊTRE CONSERVE AINSI, POUR L'ÉTERNITÉ ULTÉRIEURE,

DANS SON DOMAINE PROPRE,

TOUTE SA VIE

CONSCIENTE ET INCONSCIENTE,

DEPUIS L'INSTANT DE SA CONCEPTION JUSQU'A SON DERNIER MOMENT.

ET SUR L'HÉLICE ELLIPTIQUE OU SPIRALE-ARCHÉE

IL A GARDÉ LA TRACE INDESTRUCTIBLE

DE SES EXISTENCES PASSÉES

DEPUIS L'INFINI DES TEMPS.

DANS LA MORT ET AVANT LA RÉINCARNATION SUIVANTE,

DURANT UNE ÉTERNITÉ RELATIVE OU PENDANT UNE PÉRIODE DÉTERMINÉE

ET PLUS OU MOINS LONGUE,

IL POURRA REVIVRE A SON GRÉ TOUTES LES JOURNÉES,

TOUTES LES HEURES DE SES EXISTENCES PASSÉES,

DONT IL AURA AINSI

LE SOUVENIR INTÉGRAL.

*
* *

RIEN NE VIENT DE RIEN ;

RIEN DE CE QUI EST NE PEUT CESSER D'ÊTRE ;

ET TOUT CE QUI APPARAIT UNE FOIS,

IMPRESSION OU MODALITÉ FUGITIVE,

NE DISPARAÎTRA JAMAIS PLUS.

*
* *

L'AME NE SERAIT RIEN SI ELLE N'ÉTAIT CONSCIENCE ;

ET LA TOUTE-PUISSANCE RELATIVE DANS L'ESPACE IDÉAL,

SOUVENT CONFUSÉMENT NOMMÉE L'IMAGINATION,

EST SON CARACTÈRE PROPRE ;

CELA IMPLIQUE LA POSSESSION D'UN ESPACE

AUSSI LIMITÉ QU'ON LE VEUILLE ACCORDER,

MAIS RÉEL,

ET DANS CET ESPACE,

LA POSSIBILITÉ DE MOUVOIR, DE TRANSPORTER,

DE DIRIGER, DE SÉPARER, DE JOINDRE, DE CLASSER,

DE METTRE EN SÉRIES,

DE COORDONNER, DE COMBINER,

DE CRÉER DES ARRANGEMENTS DE FORMES ET DE RYTHMES.

L'AME POURRA DONC SE CRÉER,

LE PROBLÈME

EN TROUVANT TOUS LES ÉLÉMENTS DANS SES SOUVENIRS PARFAITS,

TOUS LES PARADIS CONFORMES A SES DÉSIRS

ET AU DEGRÉ DE SA PUISSANCE ACQUISE ;

ET CES PARADIS, PLUS OU MOINS DÉLICIEUX,

PLUS OU MOINS SPLENDIDES,

S'INSCRIRONT A LEUR TOUR,

COMME SE SONT INSCRITS PENDANT LA VIE

SES RÊVES LES PLUS INCOHÉRENTS, SUR LA COURBE SPIROÏDE

DONT NUL POUVOIR NE LA PEUT SÉPARER.

*
* *

L'AME POURRA DONC REVIVRE SES EXISTENCES PASSÉES ;

ET, A L'OCCASION DES SOUVENIRS PARFAITS

DES ÊTRES ET DES CHOSES

COMPRIS DANS LES SPHÈRES DE SES RELATIONS ANTÉRIEURES,

ELLE REFERA, LES IDÉALISANT,

CES EXISTENCES.

GRACE A SA FACULTÉ UNIQUE ET MAITRESSE

D'IMAGINATION, DE COORDINATION, DE SURÉLÉVATION,

DE CRÉATION

QUI EST LE PROPRE DE SA NATURE

ET QUI NE DÉPEND D'AUCUNE DISPOSITION GÉOMÉTRIQUE

OU MÉCANIQUE

RÉALISÉE NI RÉALISABLE,

ELLE SE FERA DES PARADIS NOUVEAUX

AVEC SES SENSATIONS ANCIENNES

COMBINÉES EN DES ARRANGEMENTS INNOMBRABLES ;

LES ÊTRES AIMÉS, ELLE LES POSSÈDERA TOUJOURS,

LES SPLENDEURS VUES ELLE POURRA LES REVOIR TOUJOURS ;

LES FORMES, LES COULEURS,

LES HARMONIES DE TOUTE IMPRESSION

UNE SEULE FOIS PERÇUES,

ELLE POURRA LES SAISIR ÉTERNELLEMENT A SON GRÉ,

ATTÉNUANT OU SUPPRIMANT TOUTE DOULEUR,

TOUTE LAIDEUR, TOUTE FAUTE.

ELLE POURRA AINSI ÉLEVER CHAQUE GROUPE D'IMPRESSION

AU DEGRÉ D'IDÉAL QUE PERMETTRA SA VALEUR PERSONNELLE

MULTIPLIÉE PAR SON ACTION SUR ELLE-MÊME

ET PAR L'INFLUENCE ACCUMULÉE

DES CRÉATIONS TRAVERSÉES OU ACCOMPLIES PAR ELLE

DANS LA SUCCESSION ANTÉRIEURE DES TEMPS.

*
* *

QUELLE QUE SOIT LA VARIÉTÉ DES CHOSES

AINSI POSSÉDÉES OU CRÉÉES

DANS LES CONDITIONS DE CETTE PÉRIODE,

L'AME NE SAURAIT ASSOUVIR AINSI POUR TOUJOURS

LE DÉSIR ABSOLU DU MIEUX, DU NEUF, DE L'INATTENDU,

QUI EST LE PROPRE DE TOUTE CONSCIENCE ;

LE BESOIN DE RELATIONS NOUVELLES AVEC D'AUTRES AMES

NE TARDERA PAS A SE FAIRE SENTIR ;

IL SERA SATISFAIT, POUR UNE DURÉE,

PAR LA NÉCESSITÉ

D'OPÉRER EN CET ATOME-UNIVERS,

SON DOMAINE ROYAL OU DIVIN,

UNE CRÉATION,

C'EST-A-DIRE L'ÉVOCATION DES AMES OU PUISSANCES

DE L'INFINIMENT PETIT RELATIF

DE L'ORDRE IMMÉDIATEMENT INFÉRIEUR.

CETTE ÉVOCATION SE FERA PAR LA RÉALISATION

DES FORMES CONQUISES DANS LA VIE PRÉCÉDENTE,

PLUS OU MOINS IDÉALISÉES

SUIVANT LE DEGRÉ DE PERFECTION PLUS OU MOINS HAUT

DE CHAQUE AME SOUVERAINE.

*
* *

LA CRÉATION A FAIRE EN L'UNIVERS ATOMIQUE DE L'AME

N'EST POINT DE TOTALITÉ

A CHAQUE PÉRIODE DIVINE;

ELLE N'EST QUE LA CONTINUATION

DES CRÉATIONS PRÉCÉDEMMENT ACCOMPLIES

ENTRE LES MORTS ET LES RÉINCARNATIONS

EN SÉRIE INDÉFINIE.

ELLE CONSISTE PRINCIPALEMENT A PRODUIRE

DES FORMES SUPÉRIORISÉES

PAR TRANSFORMATION DE CELLES QUI ONT ÉTÉ DÉJA CRÉÉES

SUIVANT LES SOUVENIRS ABSOLUS

ACQUIS DANS LA DERNIÈRE EXISTENCE,

PLUS OU MOINS HEUREUSEMENT ÉLEVÉS

EN CONCEPTIONS D'ARCHÉTYPES.

IL EN EST AINSI DES AMES OU PUISSANCES INNOMBRABLES

QUE NOTRE AME COMPREND OU CONTIENT EN ELLE,

SUIVANT UNE SÉRIE INDÉFINIE

TENDANT VERS L'INFINIMENT PETIT ABSOLU.

*
* *

LA LOI NE PEUT ÊTRE DIFFÉRENTE

DANS LA SÉRIE DES INFINIMENT GRANDS;

NOUS ET TOUTES LES AMES COEXISTANT AVEC NOUS

EN CET UNIVERS OÙ NOUS SOMMES,

AVONS ÉTÉ ÉVOQUÉS

DE L'INFINIMENT PETIT D'OÙ NOUS VENONS.

CET UNIVERS OÙ NOUS AVONS ÉTÉ AINSI APPELÉS

EST DONC AUSSI UN ATOME

D'UN AUTRE UNIVERS RÉEL

D'UNE GRANDEUR INFINIE OU QUASI-INFINIE

PAR RAPPORT A LUI,

IL EST LE DOMAINE DIVIN D'UNE AME SUPÉRIEURE

COMPRENANT TOUTES NOS AMES,

ET QUI A DONNÉ A TOUTES CHOSES ICI-BAS

LEURS FORMES ET LEURS RYTHMES ;

ET IL EN EST AINSI D'INFINIMENT GRAND EN INFINIMENT GRAND

JUSQU'A L'INFINI ABSOLU DE L'ESPACE

SITUÉ A JAMAIS.

*
* *

TOUTES LES AMES OU PUISSANCES SONT DES DIEUX

COMPRIS EN DES UNIVERS QUI SE CONTIENNENT LES UNS LES AUTRES

SUIVANT UNE SÉRIE INDÉFINIE

DEPUIS JAMAIS JUSQU'A JAMAIS

DEPUIS TOUJOURS JUSQU'A TOUJOURS.

LE TOUT EST CONTENU ET COMPRIS DANS L'ÉTERNEL-INFINI-ABSOLU

DONT NUL ÊTRE, DONT NUL DIEU

NE SAURAIT PARLER SANS ERREUR

ET QUE NOUS NE POUVONS NOMMER QUE PAR UN ARTIFICE

ILLICITE, PEUT-ÊTRE, DE LANGAGE.

*
* *

Tel est l'ensemble de nos hypothèses. Elles ne seront bien comprises que développées. Si chacune d'elles est démontrée raisonnable, conforme aux données de l'expérience, de l'observation et de l'analogie, et si leur concordance générale est vérifiée, cet ensemble présentera tous les caractères d'une théorie scientifique. Si cette théorie peut servir à résoudre, même en simple mode hypothétique, les problèmes métaphysiques et théologiques réputés insolubles, et si, nulle absurdité n'y étant découverte, aucun des grands faits de la science, aucun des faits d'observation et d'expérience, ni aucun calcul ne lui est opposé ni contradictoire, elle pourra entraîner notre conviction, servir à contrôler nos principes d'action et à diriger nos actes, elle pourra enfin être tenue, jusqu'à l'instauration d'une théorie meilleure, pour ce que les hommes de la terre ont le droit de nommer Vérité.

Paris, 1ᵉʳ mai 1889.

CHAPITRE II

L'âme. Les atomes et les molécules. Le mouvement, le temps et l'espace. La force et la matière. Les corps géométriques et les corps réels. L'éther ou les éthers. La création. Le domaine atomique de l'âme. L'âme est divine. Son domaine propre est un univers. Pourquoi la vie ? Pourquoi la mort ?

Jai dit : *Le domaine essentiel de l'âme est un atome. Une âme: un moi: un être: une essence: une puissance créatrice de formes et de rythmes, différents noms, même chose. La grandeur de cet atome comparé aux grandeurs finies et appréciables pour nous, peut être considérée comme infiniment petite. Elle est cependant — il le faut — réelle, sinon elle ne serait plus une grandeur. Cet atome est un univers.*

Ame : ce qui anime. Atome : ce qui ne se peut diviser (I).

Les âmes ni les atomes ne sont directement accessibles à nos sens.

L'espace en soi, la durée en soi, la force en soi, la matière en soi nous sont au même titre inaccessibles.

L'exercice de nos facultés sensorielles nous permet seulement de constater le fait général du mouvement.

Le mouvement est le caractère général de tout ce que nous constatons, de tout ce que nous pouvons appeler un fait.

Nous voyons les corps changer dans l'espace leurs rapports de distance. C'est ce changement de rapports entre un corps et un autre ou plusieurs autres que nous nommons le mouvement.

Dans le fait général d'un corps en mouvement, l'analyse de l'esprit nous oblige à distinguer l'espace et le temps, *les deux conditions générales de l'existence*, et par conséquent de tous les phénomènes, la matière et la force, les deux *substances* ou *entités*, quantités variables, c'est-à-dire indé-

pendantes l'une de l'autre quant à leurs proportions.

La matière considérée comme quantité se
nomme la masse. Nous prenons le poids pour sa
mesure relative.

La force se mesure au kilogrammètre. *Il
n'est aucune raison de nommer forces d'autres
activités ou d'autres causes qui ne sauraient ainsi
se mesurer.*

Un mode constant, ou pris pour tel, de la
force, la pesanteur, nous sert à mesurer la masse;
à son tour, une masse donnée d'un poids déterminé et constant, au moins pour le lieu où l'on
opère, nous permet de mesurer la force employée
à la soulever. C'est ainsi que nous déterminons,
en ces éléments de tout phénomène observé, des
unités de mesure que la pratique des choses nous
montre utiles et légitimes.

Le mouvement vibratoire de l'air qui, frappant
notre appareil auditif, nous donne la perception
des sons, les vibrations de l'éther déterminant
les effets du calorique et de la lumière, les di-

vers modes de mouvement étudiés sous le nom d'électricité, peuvent toujours se traduire en nombres kilogrammétriques et, sauf certains écarts expliqués, se mesurer en équivalents mécaniques. — Telles sont les forces ou les modes divers d'une seule et même *entité* ou *substance*, la force.

Il faut noter ici que ces modalités dynamiques présentent un caractère commun qui les fait différer du mode simple ou linéaire, de la force. Ce caractère, c'est le rythme (VII).

Les corps, dont nous connaissons l'existence par l'exercice de nos appareils sensoriaux, sont composés de matières diverses, nous disons abstractivement que c'est la matière qui les compose. Nous ne les connaissons que par leurs réactions réciproques, par la façon dont ils subissent les actions des forces en ligne droite ou rythmées et, avant tout, par la façon dont ces forces les mettent en rapport avec notre conscience au moyen des organes de nos sens.

Ce n'est pas ici le lieu d'examiner les raisons

avancées par certains philosophes pour douter de l'existence réelle des corps ou pour la nier (II).

La science qui étudie les corps a été conduite à admettre la discontinuité de la matière malgré sa continuité de première apparence.

Elle a supposé la matière comme composée d'atomes occupant une étendue démesurément petite ; ces atomes groupés en molécules plus ou moins complexes, en divers ordres de grandeur, déterminent les formes des cristaux, les possibilités de groupements moléculaires divers, — composition et décomposition des corps, — et les expliquent.

Cette hypothèse est acceptée comme nécessaire et féconde par la grande majorité des savants, par les plus autorisés des physiciens et des chimistes.

Il est une tendance à supposer simples les plus petits de ces éléments des corps, mais cependant figurés ; et des raisons diverses portent l'esprit à leur attribuer certaines figurations de préférence à d'autres.

Cette simplicité théoriquement présumée n'est pas nécessaire.

Dans la plus petite étendue, pourvu qu'elle ait les trois dimensions, nous pouvons faire contenir ce que nous nommons l'univers, à cette seule condition de garder les proportions de tout ce qui le compose. (MALLEBRANCHE, LAPLACE.)

Des inductions très précises ont fait voir qu'il existe, dans les corps, de la force latente, ce qu'on a nommé l'énergie, et que les molécules et les atomes sont en perpétuel mouvement.

Les propriétés générales ou particulières des corps tiennent à leur structure intime et aux forces dites latentes, contenues en eux sous forme d'énergie.

Abstraction faite des propriétés des corps tenant à ces forces et à leur structure, il ne reste guère à la matière, au dire des physiciens, que l'étendue, l'inertie, l'impénétrabilité.

L'étendue est impliquée dans l'idée de structure, d'arrangement moléculaire. La molécule peut être impénétrable à une autre molécule du même ordre qu'elle. Supposons que cet arrangement soit celui d'un système astral : un ou plusieurs soleils autour desquels gravitent d'autres molécules en guise de planètes, et, autour de celles-ci, des satellites — cette hypothèse passe pour offrir un haut degré de probabilité — : il est certain que l'impénétrabilité du système est toute relative. Mais considérons même le dernier en grandeur des atomes qui le composent. Il n'est pas nécessaire qu'il ait une impénétrabilité d'une autre nature ; et l'esprit peut aisément y loger tout ce qu'il veut, même un univers.

Peut-on admettre que le dernier élément matériel n'est qu'un point mathématique sans longueur, sans largeur, sans profondeur, en un mot, sans dimensions ? Cela serait dire qu'il n'existe pas.

Qu'est-ce en effet qu'un point en géométrie ?

Les corps géométriques (portions limitées de l'espace) ont pour limites les surfaces ; les surfaces, nécessairement limitées aussi, le sont par les lignes ; les lignes le sont par les points. C'est seulement comme limite que le point géométrique existe aussi bien dans la réalité que dans l'idée. Il nous est facile de considérer en géométrie une seule dimension de l'étendue, la ligne, deux de ces dimensions, la surface, par un travail d'abstraction familier ; mais un point ! Ce n'est que dans le langage que nous pouvons le faire figurer seul par pure abstraction verbale, et en donner la singulière définition qui a cours, par la triple négation des dimensions de l'espace. Dès que notre esprit veut considérer un point, il le place quelque part, il en fait une limite dans une longueur toujours concevable ; il est un lieu d'intersection de lignes. Lieu ne dit pas toujours espace. C'est ainsi que deux points déterminent une droite, trois points non en ligne droite déterminent une surface, et quatre points peuvent déterminer un solide, ou corps géométrique. — Les lignes sont des intersections de surfaces. Les surfaces elles-mêmes sont des intersections de corps ou solides.

Nous devons donc considérer les corps comme existant dans l'étendue et limitant une partie de cette étendue, et de même leurs éléments les plus petits, ceux-ci pouvant être formés d'un nombre indéfini d'autres éléments disposés en séries perpétuelles d'infiniment petits en infiniment petits.

Et telle est la première condition de structure de tout l'univers existant.

Les molécules, les atomes apparaissent à l'esprit scientifique comme en perpétuel mouvement.

L'immobilité disparaît dans l'examen des réalités. Elle n'est qu'une tendance de notre esprit et une condition toute relative et toute apparente parmi les choses visibles des milieux où nous vivons. Ce mouvement ne paraît pas se faire dans le vide mais dans un fluide subtil, l'Éther.

L'éther est-il lui-même composé d'atomes ? Cela paraît hors de doute. La théorie des ondulations de la lumière ne pourrait subsister autrement. Il faut admettre l'existence de séries indéfinies d'éthers, eux-mêmes composés d'atomes d'un ordre de grandeur allant toujours d'infiniment petits en infiniment petits. Ils ont dès lors, avec la matière ou les matières moléculaires ou atomiques en rapport avec eux, des relations de grandeurs démesurées, comme celles qui existent entre les objets de nos milieux et notre univers, de ces objets avec les molécules et les atomes des corps visibles et tangibles pour nous. Ces relations continuent de monde en monde, d'infiniment petits en infiniment petits. Et la constitution d'un univers ne peut être conçue autrement, à moins d'avoir recours à des hypothèses singulières édifiées en dehors de toute analogie.

Le vide absolu existe-t-il ? Est-il nécessaire pour expliquer la possibilité des mouvements ? L'esprit en a une certaine horreur. Cette horreur de l'esprit est plus facile à constater que l'horreur de la nature pour ce même vide. La possibilité du plein absolu a été jusqu'ici mal expliquée et paraît contradictoire (III).

Est-il des interstices entre les séries de mondes?
Il n'y a pas lieu de le nier, bien que la nécessité
de ces interstices ne soit pas aussi évidente que
certains esprits l'ont pensé.

La question peut demeurer non résolue sans
que notre exposition en soit empêchée.

D'où vient la structure des corps et le rythme
des forces ? L'une de ces conditions pourrait expliquer l'autre peut-être ; mais rien n'autorise à
supposer la matière structurée ni la force rythmée par elles-mêmes. Rien n'autorise, même en
faisant intervenir tout ce qu'on peut savoir de
mécanique mathématique, à penser qu'en des
conflits fortuits, en des mouvements incoordonnés
soit des corps visibles, soit des atomes, dans
l'éther, le rythme ou la structure, les premiers éléments de la forme, de l'harmonie et de l'évolution
puissent naître, puissent apparaître sans une raison, sans une cause spéciale.

Il est donc de toute rigueur scientifique de se
demander s'il existe une cause spéciale ou des
causes spéciales de la forme et du rythme.

En d'autres écrits, j'ai désigné par les mots puissance de coordination supérieure de l'homme ce qu'on nomme l'*âme* dans la langue littéraire ou vulgaire et dans les langues théologiques. J'aurais pu dire aussi bien source ou cause de création, pouvoir créateur. Penser et parler c'est créer, dans le vrai sens qu'il faut donner à ce mot. Tel philosophe de l'école dite sensualiste nous dit vainement que tout ce qui est en notre esprit nous vient des sens. Les éléments sensoriaux à l'état actuel ou à l'état de souvenirs, suivant lui, sont *seulement* combinés par l'esprit. Eh ! sans doute, cela est vrai ; mais en ce mot *seulement* on voit qu'il ajoute peu d'importance à ce fait de combinaison, d'arrangement, de coordination que je nomme création.

Créer c'est faire des arrangements nouveaux, des coordinations, des combinaisons nouvelles et c'est partout et toujours cela, quel que soit le dieu ou l'être qui crée, quel que soit le monde ou l'esprit où se fait cette création.

Donner une forme, soit une figure conçue en

des rapports voulus, à ce qui était amorphe, un rythme régulier à ce qui était du mouvement continu ou de la discontinuité sans règle et fortuite, c'est absolument créer. C'est ainsi que l'homme, par les inventions de son langage, de ses arts, de son industrie, a fait dans notre monde une vaste création, collaborant avec ce qu'on nomme la Nature.

Ce n'est pas ici le lieu de discuter si l'art humain peut ou non quelquefois surpasser la nature. Ce qui est indéniable c'est qu'il rivalise avec elle.

L'homme n'a trouvé nulle part dans la nature le modèle de ses habitations, de ses temples, de ses symphonies, de ses poésies, de ses instruments de travail. Quand il semble imiter la nature, lui empruntant quelques-unes de ses formes, il crée encore et ne crée pas moins, et c'est encore ainsi que font tous les dieux possibles.

Prendre un vieil outil et lui donner une fonction nouvelle ou le perfectionner de façon à rendre sa fonction plus facile à la main de l'artisan, c'est créer.

Prendre une œuvre d'art réalisée par un autre, et la copier, en y ajoutant, — et cela se fait à l'insu de l'artiste, — quelque chose de supérieur en beauté, même par un côté très partiel, c'est encore créer.

Ce livre que j'écris est une création. Tous les éléments qui le composent ne viennent pas de moi, mais chacun d'eux, j'ai dû les comprendre, les penser, c'est-à-dire les créer de nouveau après ceux qui les ont créés avant moi. Et malgré tout le soin que je mets à ne l'écrire qu'en brèves paroles, il portera l'empreinte inévitable, bien qu'inutile, et nuisible peut-être, de ma personnalité. Je crée en essayant de mieux déterminer le sens de ce mot créer, qui n'est encore pour beaucoup d'esprits que l'adoration inconsciente ou quelquefois impie de l'Impossible.

Aucun dieu n'a décrété les nécessités.

Aucun dieu n'a rien tiré du néant.

Et si quelqu'un a créé le néant (un mot), c'est l'homme assurément, qui s'est forgé ce levier puissant de la pensée qu'on nomme la négation, ce signe algébrique précieux à marquer des rapports très déterminés dans le possible ou dans le réel : signe qui même nous sert à pénétrer en quelque sorte les régions mystérieuses de la virtualité.

La puissance de créer est le caractère le plus essentiel de l'être. Chez les animaux elle ne paraît qu'à l'état de tendance ou de manifestation indistincte. Elle éclate dans les êtres humains, dans ceux surtout que les autres hommes déclarent supérieurs. On la donne comme le signe le plus évident de la divinité ; c'est pour cela que chaque homme est un dieu, qu'il y a, si l'on veut, un dieu en chaque homme, c'est ce que nous appelons son *âme*. Un caractère de cet ordre ne peut être que général, aussi disons-nous que toutes les âmes sont divines.

Toutes les fois que dans un fait nous pourrons découvrir ce caractère de création parmi les choses que nos sens mettent en rapport avec nous, nous dirons qu'il en faut chercher la cause dans une essence ou une puissance semblable ou analogue à celle que nous reconnaissons en notre propre conscience. Tel est en bloc l'ensemble des choses qu'on nomme la Nature qu'il faut absolument attribuer comme œuvre coordonnée en des modes innombrables à une cause pareille, à une âme, à un dieu, que plusieurs nomment aussi bien au féminin la Nature, confondant en ce seul mot la cause créatrice, *natura naturans*, et l'œuvre réalisée, *natura naturata*. Cette pensée sera précisée davantage dans notre exposition, et de mieux en mieux fixée en ses véritables limites.

Notre âme, dans l'atome qu'elle possède, est maîtresse de la matière et de la force, et l'a toujours été depuis l'origine, située à l'infini. La vie actuelle la prive momentanément de cette toute-puissance, ou plutôt emploie cette toute puissance en un mode particulier, qui est sa mise en rapport avec la création où elle est évoquée et avec les autres êtres divins comme elle, ses coparticipants à la vie. La mort lui rendra la fonction créatrice dans le réel, que son incarnation lui avait ôtée, pour le temps limité de son évolution corporelle et·terrestre.

Là est la raison de la vie.

Dans la mort, elle emportera les images des choses crées de cet univers, où une âme supérieure d'un degré dans la série infinie des existences l'a évoquée. Elle emportera aussi les influences venues des autres âmes ses congénères, évoquées comme elle dans le même univers. Elle possèdera ainsi un nombre immense de formes et de rythmes qu'elle n'aurait pu créer seule, et y ajoutant ce qu'elle pourrra de variété et d'idéal, elle en enrichira sa création prise au point où elle l'avait laissée au moment de sa dernière incarnation.

Telle est la raison de la mort.

CHAPITRE III

L'atome, occupant un espace relativement infiniment petit, est infiniment grand comparé à un autre ordre d'atomes. Rien ne peut le détruire. Inertie matérielle. Inertie dynamique. La série des univers. Comment les âmes peuvent s'incarner dans une forme vivante. Possibilité du passage d'une âme, d'un univers à l'univers immédiatement supérieur.

On est contraint d'admettre comme possibles dans le domaine atomique de l'âme, d'autres êtres et des choses en des grandeurs finies. Comparativement à ces grandeurs, ce royaume, ce champ d'action possédé par l'âme est quasi-infiniment grand. Des essences ou des âmes dont le domaine propre est d'un ordre infiniment petit relativement à ces grandeurs finies dont il vient d'être parlé, peuvent y être évoquées en des organismes réels, et y accomplir le développement de l'existence, y manifester la vie.

Il n'est pas nécessaire de rappeler ici les raisons qui ont fait admettre comme vérité la théorie atomique. On peut les trouver dans un grand nombre d'ouvrages spéciaux et même dans les bons dictionnaires encyclopédiques. Il faut avoir présentes à l'esprit ces raisons, c'est-à-dire les faits nombreux et variés qui ont conduit à l'édification de cette théorie atomique, sans laquelle on ne saurait rien se représenter ni s'expliquer des propriétés générales ou physiques, ni des propriétés spéciales ou chimiques de ce que nous appelons les corps.

Par aucun moyen, on ne peut anéantir les corps, les forces ne s'anéantissent pas davantage. Toutes les expériences possibles le prouvent, et on n'y saurait découvrir d'exceptions. L'imagination ne saurait supposer un instant la possibilité de pareils anéantissements. Certains philosophes pensent que cela ne suffit pas ; et ils ne reculent pas devant l'absurdité évidente elle-même, lorsqu'ils y sont conduits par les raisonnements où ils mettent toute leur confiance. Cette prétendue logique infaillible, qui les trompe le plus souvent par de misérables jeux de mots, leur paraît la source unique de tout savoir.

Pour les savants, c'est-à-dire pour les hommes instruits qui n'égarent pas leur pensée loin des chemins de l'observation et de l'expérience, la matière et la force sont deux choses, deux entités, deux substances distinctes, bien qu'elles ne soient pas absolument séparables dans les faits, et que nous ne les puissions ni connaître ni presque imaginer l'une sans l'autre.

On est généralement d'accord aujourd'hui pour reconnaître que le caractère le plus certain de la matière est l'inertie. Or l'inertie consiste en ceci : un corps, masse ou atome, ne peut se donner par lui-même aucun mouvement, étant en mouvement, il ne peut augmenter ni diminuer la vitesse dont il est animé.

Cette inertie de la matière, même considérée dans sa plus grande simplicité, l'atome, est démontrée par tous les faits scientifiques ; et sans elle, toute théorie atomique manquerait absolument de base et ne saurait rien expliquer. Sans cette propriété négative on ne pourrait même pas asseoir les données du plus simple des problèmes ou des théorèmes de la mécanique rationnelle.

Ce caractère absolu de la matière ne suffit cependant pas à la différencier absolument de l'autre substance du même ordre, la force.

La force est, dans un certain sens, inerte aussi bien que la matière. Le mouvement d'un corps, masse ou atome, étant donné en fonction du temps, soit ce qu'on nomme une vitesse, cette vitesse ne peut s'accroître ni décroître de soi-même, ni changer de direction, ni se modifier autrement que par addition d'un autre mouvement, ni disparaître qu'en se transmettant à quelque autre corps, masse ou atome. Ceci ne paraît pas contestable.

Mais on a imaginé un instant que, trouvant dans la force l'inertie nécessaire pour constituer les corps, on pouvait se passer des atomes réels, ceux-ci n'étant plus que des points où des forces opposées se feraient équilibre en se limitant elles-mêmes. Or si les mots peuvent s'assembler pour composer de telles formules, il est impossible à l'imagination de se représenter rien de pareil, aucun fait observé n'en offre l'image, aucune analogie ne peut aider à y voir ou à y comprendre quelque chose. Rien n'est plus simple au contraire que de concevoir des atomes, des inerties matérielles en mouvement, et ces mouvements se transmettant d'un atome à un autre, ou s'opposant l'un à l'autre, suivant les cas, ainsi que nous le voyons dans les phénomènes observables. Rien n'est plus simple que de concevoir ainsi la fonction d'énergie, la force, tenue en équilibre et latente, jusqu'à ce qu'un apport nouveau de force dans une direction quelconque vienne rompre cet équilibre.

Ceci devient incontestable dès qu'on admet que les atomes, jusqu'aux « *ultimates* », et au delà s'il y a lieu, sont des corps comme les autres, n'ayant d'autre particularité que leur volume d'un ordre de grandeur quasi-infinitésimal.

Très éloignés les uns des autres comme le sont

les corps célestes de notre univers, leur impénétrabilité relative est suffisante pour ne rien détruire de la théorie atomique jugée par tous comme extrêmement précieuse. Accorderons-nous l'impénétrabilité absolue à la matière absolue ? Aussi bien que la force pure et substantielle la matière absolue échappe même aux yeux de la théorie. Qu'on la croie impénétrable ou non, cela importe peu. On peut lui supposer provisoirement cette impénétrabilité tout au moins innocente, si l'on veut se mieux persuader qu'elle est quelque chose.

L'atome a une étendue, il est résistant, il se meut dans l'éther de notre monde, comme dans l'air se meut un projectile. Il n'est pas nécessaire de le supposer plein, solide, continu, ni régulièrement sphérique. Il n'est pas nécessaire de supposer que tous les atomes, même les ultimates ou monades, ont une même figure ni une même grandeur. Il suffit que leurs grandeurs ne diffèrent pas énormément entre elles.

Les atomes sont les éléments premiers, indispensables de la construction de notre monde. Il n'est pas nécessaire ni rationnel de les supposer vides; cela impliquerait la nécessité d'une sorte de coquille solide peu justifiable.

Il est parfaitement possible qu'ils soient constitués par un éther propre d'un degré proportionnel à leur ordre de grandeur et que dans cet éther gravitent un nombre immense d'astres. Ces systèmes planétaires et cet éther échapperaient, en vertu de leur ordre de dimension même, à toutes les actions dynamiques qui règlent les transactions des molécules, lesquelles gravitent dans notre éther, et sont perpétuellement modifiables par les rhytmes dynamiques de notre univers.

Cette conjecture, pour si ambitieuse qu'elle paraisse, est la seule acceptable, la seule en harmonie avec les formes intimes de notre entendement.

Ces formes primordiales de notre esprit, qu'on pourrait appeler la science innée, sont plus importantes que beaucoup de faux logiciens ne le supposent. Sans elles, nous ne découvririons la vérité nulle part. C'est par elles que nous avons la conviction de l'absolue vérité des sciences mathématiques. C'est à cause d'elles que la géométrie ne s'est pas arrêtée au premier postulat, et qu'on a pu dire : ceci sera tenu pour démontré ; elles font en nous le sentiment indiscuté de l'évidence.

Un atome n'est un atome que parce qu'il est la plus ténue des parties composant notre univers, et qu'il est la limite au-delà de laquelle un autre univers commence. L'espace compris dans les limites d'un atome peut rigoureusement contenir un nombre indéfini de formes réalisées. Le supposer vide est une absurdité de première évidence. Le supposer d'une plénitude absolue, serait hardi mais peu analogique. L'atome ainsi conçu serait l'exemple d'une matière aussi étrange que nouvelle, continue, amorphe, adynamique, ayant les caractères les plus opposés à ceux que l'observation et l'expérience nous ont fait attribuer à ce que nous nommons des corps, et cela sans aucun avantage pour la théorie, sans que nul fait, nulle loi, y trouve une explication quelconque. Donc, conjecture gratuite, superflue, injustifiée, contraire à tout ce que nous connaissons, irrationnelle, en un mot inacceptable. Devant l'Absolu et l'Infini rien n'est grand, rien n'est petit. Cet infiniment petit, disons *quasi infiniment petit* (pour être plus exact dans le langage) est un *quasi infiniment grand*. Or nous ne concevons pas l'activité universelle de l'Éternel-infini-absolu comme absente de quelque lieu. Un tel lieu serait la réalisation du néant, du non-être. Le rien serait quelque chose. Quelque chose serait le rien. La nuit éternelle, le silence, la mort absolue régneraient quelque part, et cela est aussi vrai pour un espace absolument plein admis par les anciens pour leurs atomes, que pour les absurdes atomes vides avec ou sans coquille (III).

L'univers constitué par telle ou telle des dernières divisions de notre matière est-il pareil à notre univers? On ne peut le dire; mais il est impossible de le concevoir sans quelque analogie avec cet univers sans limites constatées pour nous. En résumé :

Atome vide ou composé de vide, absurdité dans les termes même de l'hypothèse ;

Atome réduit au point géométrique, sans dimension, ne serait rien, absolument rien ;

Atome à coquille solide et vide en dedans, conjecture puérile et inutile ;

Atome absolument plein et formé d'une matière continue, conjecture étrange sans analogie avec aucun autre fait connu, injustifiable et inacceptable ;

Reste l'atome-univers, immensément éloigné comme dimensions, même du monde moléculaire où s'opèrent les transactions chimiques de notre monde.

C'est la seule conception qui puisse rendre compte des faits sans violer le sentiment de l'analogie, sans se heurter à l'impossible, sans qu'il soit besoin de compliquer les données hypothétiques nécessaires par des inventions hétéroclites ou fantastiques, la seule qui soit en

harmonie avec l'idée inéluctable de la divisibi-
lité sans fin de l'espace, la seule qui divise
l'étendue depuis zéro jusqu'à l'infini en rythmes
ininterrompus, et montre ainsi le rythme comme
la loi suprême de l'univers total dans la durée
et dans l'étendue. Cette idée théorique de
l'atome est donc parfaitement conforme aux tendances de notre pensée, aux formes primordiales de notre entendement. Il faut donc la tenir
pour admissible en l'absence de toute vérification expérimentale à jamais impossible. On ne
la peut nier pour aucune raison satisfaisante et
la nécessité théorique en est démontrée.

C'est un tel atome que j'assigne pour demeure
permanente à l'âme, avec la possession, dans
tout l'espace, des forces et des corps; c'est là
qu'elle a fait, en qualité de puissance divine, sa
création depuis toujours, constituant par la faculté suprême qui la caractérise, les arrangements,
structures, rythmes et formes, évolutions de
toute création, indéfiniment variées, mais successivement et progressivement construites. Et tout

cela s'est fait suivant les lois du possible, lois perpétuelles, immuables, incréées, des fatalités mathématiques et mécaniques toujours permanentes, toujours inviolables, et ne dépendant de la volonté d'aucun dieu.

Dans cet univers, comme dans tous les autres univers de tous les degrés de grandeurs, le fait de la création des êtres vivants, de l'apparition et du développement de la vie, résulte d'une double condition, l'évocation des âmes de divers degrés de l'ordre d'univers immédiatement inférieur, et la constitution dynamique et matérielle des formes évolutives où ces âmes peuvent s'incarner, pour y accomplir l'évolution que l'on nomme la vie.

Les âmes d'en bas ont pour incitation le besoin de mise en rapport avec ce qui est au-dessus d'elles. L'âme souveraine éprouve le besoin normal de voir dans son royaume se développer la vie en des formes toujours nouvelles et variées ; ce besoin l'incite à créer les *archétypes réalisables* ou à reproduire, aussi, en mode d'archétypes réalisables, les images recueillies dans sa vie dernière et antérieurement créées, soit par la puissance souveraine de cette vie, soit par les âmes coparticipantes à cette même vie, et aussi bien celle de ces images qui sont descendues ou ont été transmises de plus haut.

C'est ainsi que les âmes ont une tendance à monter d'univers en univers, de l'infiniment petit vers l'infiniment grand.

C'est ainsi que les formes supérieures créées se transmettent d'univers en univers dans la direction descendante.

Pour mieux fixer les idées, je représenterai cette série par les formules suivantes, purement symboliques, dans lesquelles il faut attribuer l'indétermination nécessaire aux termes α, β, γ, δ, ε, ζ, η, etc. : H indiquant l'*Homme*, point de départ seul connu :

$$\cdots \cdots \cdots$$

$$H + \delta + \varepsilon + \zeta$$
$$H + \beta + \gamma$$
$$H + \alpha$$

$$H$$
$$H - \eta$$
$$H - \eta - \theta$$
$$H - \eta - \theta - \iota$$
etc.

Chacune de ces formules représente un degré d'élévation à partir de H et la position de H est arbitraire.

L'univers où existent dans la vie les êtres $H + \alpha$ est infiniment petit par comparaison avec celui où existent les êtres $H + \beta + \gamma$; il en est un des atomes, un être $H + \delta + \varepsilon + \zeta$ est son dieu.

Il en est ainsi dans toute l'étendue de la série, entre l'infiniment petit et l'infiniment grand absolus. On peut aussi le représenter symboliquement par une série de sphères concentriques, différant démesurément de grandeur, l'une quelconque des surfaces représentant, du côté de l'infiniment grand, l'univers où un être d'un degré donné peut s'incarner et accomplir une existence planétaire, et en allant vers le centre, l'espace de la sphère atomique possédée, où, pendant la mort, elle exerce le pouvoir créateur dans le mode total ou divin.

Une question se pose ici : c'est de savoir si un être est perpétuellement destiné à l'accomplissement de ces deux fonctions alternatives sans pouvoir passer, de l'univers où il existe, dans l'univers immédiatement supérieur ; s'il peut avoir la moindre espérance de s'élever un jour jusqu'à une vie qui lui serait commune avec son dieu.

Cette question est très loin de ce que le sentiment de l'homme peut désirer. Elle importe cependant quant à la discussion de l'hypothèse ; et elle paraît devoir se résoudre par l'affirmative. Cependant un si formidable avancement ne peut être conçu comme possible qu'après un nombre immense d'incarnations et de morts dans les diverses régions et systèmes planétaires faisant partie de notre univers, et après une surélévation de notre royaume atomique à un degré de perfection et de richesse comparable au degré de perfection et de richesse acquis de l'univers où nous nous serions réincarnés un nombre incom mensurable de fois. Cette fonction serait représentée par une spirale logarythmique dont le centre asymptote se confondrait avec celui des sphères concentriques. Cette spirale ayant fourni assez de tours de spire pour couper en un point la surface de la sphère de notre développement humain, figurerait assez bien le passage dans l'infini relatif du degré supérieur.

Ceci est un simple symbole. On peut essayer de lui donner une valeur schématique plus exacte.

Supposons un être ayant parcouru avec la plus grande intensité d'évolution idéale, en des incarnations successives, la plupart ou la totalité des mondes planétaires constituant le domaine atomique de son dieu, ayant pu, en conséquence, dans ses périodes divines, surélever son univers atomique à lui, au point de l'avoir fait comparable à ce domaine atomique de son dieu ; ce dieu ne pourra lui donner dès lors que la forme la plus haute et la plus belle (ces mots pris dans le sens total) dont il puisse disposer, c'est-à-dire une forme très voisine de la sienne. Il y a dès lors un rapprochement possible entre sa spirale-archée et celle de l'être de haute sélection dont nous parlons; et, de la part de celle-ci, une prise d'influence transmise, représentant précisément, en équivalence approximative, la dernière des existences antérieures du dieu. Dès lors, l'incarnation dans l'univers supérieur devient possible; et elle se fait par voie de génération. Ce serait là un des cas du mystère de la *naissance*.

En des périodes immenses, il y a de rares possibilités d'un tel passage. Si nous examinons la question au point de vue de l'être humain en présence de son univers atomique, nous aurons moins l'effroi d'une ambition si difficilement réalisable, et vraiment excessive, si elle se traduisait en un sentiment humain. Nos enfants sont les êtres portés par nous en cet univers où nous existons, parce que leur forme déjà réalisée n'est pas ou est peu différente de la nôtre. Elle peut même lui être virtuellement (mais seulement virtuellement) supérieure. Or l'un de nos enfants peut être l'un des êtres évoqués dans notre domaine atomique, assez perfectionné par ses réincarnations successives et par ses créations intercalaires pour avoir acquis une hauteur de perfection pareille aux autres enfants de la terre qui s'incarnent suivant le mode et dans les conditions ordinaires. Ce que je viens de dire ici est identique à ce que j'ai déjà dit plus haut, tout en blessant moins notre humilité d'accoutumance. Par cette possibilité, même exceptionnelle ou peu fréquente, du passage d'une zone divine dans une zone divine supérieure, nous détruisons toute idée de cycle absolument fermé, et nous voyons les termes de la série des univers, rattachés entre eux par un lien sans discontinuité.

Comment se fait ou se peut faire l'incarnation d'un être suivant le mode ordinaire, c'est-à-dire la reprise par lui de l'existence dans un univers où il a déja vécu ?

Comment se fait ou se peut faire la réincarnation d'un être dans l'univers immédiatement supérieur à celui où il s'est déjà incarné un nombre immense de fois ?

Je ne veux rechercher ici que les possibles de ces deux faits hypothétiques.

Prenons l'âme en état de non-incarnation ou plutôt l'atome avec sa spirale archéique inséparable de cette âme. Cet atome flotte dans l'éther à la merci des ondulations diverses de ce fluide.

Porté çà ou là, soit au hasard, soit par l'action spéciale d'une cause dont les analogies se présentent à l'envi dans les faits relatifs à l'affinité chimique, il est mis en contact avec un organisme vivant, après diverses vicissitudes possibles et une durée indéterminée.

Si l'organisme pénétré par lui est une forme très différente de celle de sa dernière incarnation, il n'est pas possible de comprendre que l'incarnation s'y opère. Si au contraire cette forme ne diffère que faiblement de sa forme antérieure gardée dans la spirale-archée à l'état rythmique, l'esprit peut assez facilement se représenter le mécanisme du fait supposé de la réincarnation (IV).

L'atome de l'âme en l'état de non-incarnation ayant, dans ces conditions, pénétré un organisme vivant (ce que la discontinuité des corps et la ténuité des atomes rend facile à comprendre), cet atome peut se trouver en contact médiat ou immédiat avec l'atome archéïque de l'organisme en question.

Il peut recevoir dès lors, en mode rythmique, l'impression complète de la forme de l'âme souveraine gouvernant cet organisme. Un seul point de mise en rapport suffit pour cette transmission. Les deux formes, comme confondues et à l'état de virtualité rythmique, acquièrent par leur association une aptitude plus marquée à se réaliser en une forme unifiée.

Cette réalisation commence par la prise de possession, devenue facile par un accord ainsi préétabli, de l'un des éléments organiques, soit d'une simple cellule, de l'être par lequel doit se faire l'entrée dans une nouvelle vie planétaire.

La cellule naissante est conquise par la pénétration directe, dans son intérieur, de l'atome, demeure permanente de l'âme qui s'incarne.

Nous savons de plus que chaque cellule de tout être organisé contient en elle comme le *principe* de la forme totale. Ce principe ne peut être que la représentation ou le tracé rythmique de cette forme. Cette loi que l'observation a fait découvrir chez les espèces les plus simplement structurées, ne disparaît pas chez les animaux les plus complexes. Pour ceux-ci, certains éléments seraient plus spécialement dévolus à la fonction, ce qui ne commande aucun changement dans la théorie.

On conçoit comment l'âme nouvelle-venue, s'établissant ainsi dans un tel élément organique, peut y constituer son pouvoir et y déterminer le commencement d'une évolution corporelle.

Certains savants ont considéré l'âme « immatérielle » comme agissant, par un seul point des centres cérébraux, sur le système nerveux et sur le corps entier. Ils se sont demandés si, pour expliquer ce fait, il n'était pas nécessaire d'attribuer à cette âme le pouvoir de *créer* une *faible quantité* de force. Cette faible quantité de force serait suffisante pour diriger les nombreux courants de forces relativement immenses et très nombreux par lesquels s'opèrent les mouvements perceptibles de la vie. C'est le cas de tout déclanchement, c'est le cocher conduisant un ou plusieurs chevaux, c'est le mécanicien gouvernant une machine à vapeur.

Avec les données hypothétiques précédemment énoncées, nous n'avons que faire de cette création d'une *faible* — qui pourrait être aussi bien une *grande* — proportion de force essentielle. Cette force serait purement tirée du néant, ce qui est un non-sens. En son domaine atomique l'âme possède — de toute éternité — une proportion mesurée de force et de matière, sur lesquelles son action s'exerce librement et directement. Elle peut, dans l'acte de son incarnation nouvelle, émettre les quantités nécessaires de cette force — si l'on veut, de cette *énergie* — et opérer les déclanchements indispensables.

De cette façon aussi elle continuera à diriger dans l'organisme rallié à son action les mouvements voulus et apparents.

Je ne l'oublie pas ici, la difficulté qui a longtemps passionné les philosophes, sur les rapports de l'âme « toute spirituelle » et du corps « tout matériel », n'est aucunement résolue par l'hypothèse, elle n'est que reculée ; mais elle l'est jusqu'à l'infiniment petit absolu (XI). Telle qu'elle avait été posée autrefois, la question me paraît d'ordre inaccessible. Dans nos données hypothétiques, nous trouvons l'explication très nette de l'action actuelle de la volonté sur les appareils locomoteurs, et pareillement de l'action dynamique extériorisée, constituant, dans la cellule naissante nouvellement conquise, l'acte initial et les actes successifs de la réincarnation. La théorie nous fait ainsi apercevoir, dans l'ordre des possibles, ce en quoi peut consister le *com-mencement* planétaire d'un être vivant.

Mille questions naissent de telles questions. Beaucoup se sont présentées à moi que j'ai pu résoudre. Il me serait impossible même de les énumérer sans confusion. Le lecteur y suppléera. Je n'ai pu indiquer toutes les conditions de la génération des êtres. J'ai dit au moins quelles conditions sont nécessaires pour que le fait soit concevable par l'esprit (VI).

L'âme, possédant une seule cellule vivante, est déjà réincarnée. Une cellule, en effet, ne nous offre-t-elle pas la réalisation d'un organisme, très simple, il est vrai ? Mais c'est déjà un organisme ; et l'âme qui veut se réincarner peut l'accroître en grandeur en y dirigeant les mouvements de la nutrition déjà en pleine activité avant sa venue, elle y peut arranger la matière organique suivant les dispositions contenues soit dans les premiers linéaments de sa forme antérieure propre, soit suivant le dessin des premiers phénomènes évolutifs de sa nouvelle forme acquise, linéaments, phénomènes évolutifs possédés par elle à l'état de rythmes parfaitement déterminés (VII).

Je n'ai pas besoin pour édifier cette théorie de dire quelles sont ces premières dispositions de telle ou telle évolution morphique vivante. On ne les connaît pas; on ne les connaîtra jamais peut-être ; la théorie n'en est aucunement arrêtée dans son développement, puisque j'ai déterminé tout le possible général du fait.

Je dirai comme premier corollaire que jamais une âme humaine — même dégradée — ne saurait passer dans l'organisme d'un loup ou d'un renard; et que rien ne peut autoriser cette idée qu'une forme élevée en noblesse d'un certain degré, étant conquise par une âme, cette âme puisse jamais perdre absolument sa conquête, et subir un abaissement, sinon en de très étroites limites. Reprenons.

L'âme donc, ayant pris possession d'une cellule en l'organisme où elle doit s'incarner, continuera son commencement d'évolution à partir de cette prise de possession comme point de départ effectif.

Nous n'avons aucun besoin pour le moment de savoir l'histoire de ce commencement d'évolution. Le résultat sera la formation d'un protozoaire, lequel complètera la triade de ses composantes morphiques lorsque l'occasion viendra d'une conjonction sexuelle fournissant le troisième terme nécessaire. Le reste est un peu mieux connu et relève de l'embryologie, science déjà portée très loin par les observateurs de notre siècle.

Pour qu'une âme s'incarne dans l'infini relatif immédiatement supérieur, il faut, je l'ai dit, qu'elle ait épuisé toutes les incarnations possibles dans l'univers auquel elle appartient. Elle reçoit alors de l'âme souveraine de ce dernier univers la forme nécessaire, toujours en mode rythmique, par communication de simple contact ; les choses se passent ensuite dans l'organisme vivant de cette âme souveraine, comme elles se passent ici-bas dans les conditions ci-dessus décrites.

Cela ne peut avoir lieu qu'un nombre de fois

très limité dans une période immense. A moins que, par des conditions imprévues, et suivant un autre mécanisme, la fréquence possible de ce fait puisse être plus grande qu'elle ne le paraît. Mais j'ai voulu en cette étude tenir compte de toutes les difficultés accessibles ou imaginables de la question. Je crois avoir démontré que ces difficultés ne sont pas insolubles. On le voit, dans cet ensemble d'hypothèses, tous les degrés de l'existence ont ainsi des témoins ; et l'espérance de chaque âme vers toutes les grandeurs et toutes les beautés peut ainsi demeurer sans limites.

CHAPITRE IV

A quelles nécessités doit correspondre l'organe essentiel de l'âme. Il comprend tous les degrés vers l'infiniment petit et il peut s'accroître sans limites vers l'infiniment grand. Analogies observées dans les faits d'ordre scientifique. — Transmutation du rythme en forme et de la forme en rythme. — Fixation du rythme représentatif d'une forme, pouvant reproduire ensuite cette forme primitive. — Simplicité de moyens. — Application à la théorie de la production des formes vivantes dans les règnes de la nature.

Pour ne pas rompre le fil de mon exposition, si nécessaire à guider mon lecteur et à me guider moi-même, dans le terrible labyrinthe où je me suis engagé avec lui, il m'est arrivé et il m'arrivera souvent encore d'anticiper beaucoup sur les développements suivants de ma pensée et de laisser à l'état de simples affirmations des articles de la théorie dont, tout au moins, la possibilité sera, plus tard, nettemement démontrée (VIII).

Il m'est arrivé même de passer sous silence des analogies précieuses qui, étant présentées tout d'abord, auraient encombré et obscurci notre chemin au lieu de le déblayer et de l'éclairer.

Aussi m'arrivera-t-il souvent de revenir sur les choses déjà dites, en y ajoutant çà et là divers éléments d'analogie ou de vérification. Ces répétitions, tantôt voulues, tantôt accidentelles, ne pouvaient être évitées en un sujet de telle complexité. Elles semblent même indispensables à produire dans l'esprit du lecteur une image définitive, claire et complète de l'ensemble de corrélations que je désire lui faire saisir.

J'ai dit : « *L'organe essentiel de l'âme, en son domaine atomique, peut être représenté par une courbe matérielle construite suivant une formule de spirale logarythmique.*

Cette spirale peut être disposée en hélice, et plus ou moins aplatie en ellipse, la circonférence parfaite étant un cas particulier difficilement réalisable.

Une telle courbe s'enroule indéfiniment en dedans vers un centre inaccessible, c'est-à-dire vers l'infiniment petit, en vertu de la loi même de sa construction, et en progressant en sens inverse par des tours de spire qu'elle élargit toujours, elle s'avance de plus en plus dans l'espace illimité. Les rapports divers constituant la courbe, variables en des nombres très grands, suffisent à caractériser l'individualité, la sexualité, le genre, l'espèce et tous les modes ou éléments de dissemblances que présentent les êtres, en tous les degrés d'infini. »

Les mouvements astronomiques apparaissent en nos impressions visuelles immédiates comme des circonférences ou des ellipses. Lorsque nous les examinons en leurs rapports plus complexes, dans l'espace, ils nous offrent partout la disposition hélicoïde. Si nous considérons que des causes diverses de perturbation font varier les vitesses des corps célestes, nous trouvons que les courbes qu'ils décrivent ainsi perpétuellement prennent le caractère de la spirale en agrandissant ou en rétrécissant leur orbite.

On peut dire que ce genre de courbe hélico-elliptique tendant vers la spirale est comme la forme naturelle du mouvement.

Elle est aussi la disposition originelle de l'évolution créatrice de toutes les formes vivantes.

Elle domine le règne végétal où elle s'accuse par la figure et par le nombre, par la forme et par le rythme, en toute évidence. On la voit produire en ce règne l'apparence circulaire florale par simple rapprochement des tours de spire.

Elle se montre directement et amplement visible dans les tiges grimpantes des convolvulacées, aisément sensible dans la plupart des plantes, rythmique dans les végétaux d'organisation complexe et supérieure, réelle, indéniable chez tous.

Dans les dispositions intimes de l'organisation végétale, nous la trouvons également en divers modes de réalisation matérielle. Les formes des corolles d'aspect symétrique, labiées, papillonacées ou personnées, semblent s'éloigner de cette disposition. Je ferai voir comment elles en dérivent.

Ces dernières formes se rapprochent, comme leurs noms l'indiquent, de certains types du règne animal, où la symétrie bi-latérale domine, où elle devient constante dans les degrés supérieurs. Dans le règne animal, la forme hélico-elliptique spirale n'est pas moins générale que dans le règne végétal. On la voit exactement réalisée dans la coquille solide des mollusques gastropodes ou gastéropodes en d'innombrables variétés, et ces coquilles qui étonnent et charment, par leur particularité apparente, les enfants et les hommes, étalent au grand jour, visiblement tracée, la loi mystérieuse primordiale de toute organisation.

Est - elle moins réelle dans les animaux rayonnés et annelés ? Elle est moins visible au premier abord, dans les formes animales symétriques à plan médian, comme dans les formes végétales présentant le même caractère ; mais, avec un peu d'attention, on la découvre, on la reconnaît partout.

Si nous prenons, de prime saut, l'organisme de l'homme, nous trouvons comme analogue à la coquille des gastropodes, la chevelure, plantée en disposition spirale, en tourbillon, dont le centre occupe, sur le cuir chevelu, le plus souvent un lieu non symétrique. Nous remarquons la disposition en hélices complexes des trois couches musculaires du cœur, en hélices plus simples, les tubes digestifs malgré quelques déformations nécessaires, les éléments des parois vasculaires, en hélices à tours de spire allongés, les os longs des membres et les formes extérieures elles-mêmes, et jusqu'aux stries de la peau à la face interne de l'extrémité des doigts, où l'on croit reconnaître la trace d'une action tourbillonnante achevant la forme humaine en sa plus extrême délimitation.

Que dire des organes des sens, qu'on a comparés à la floraison végétale, et qu'on a considérés comme les fleurs du système nerveux? L'oreille interne offre le *limaçon* dont le nom n'exprime pas une simple analogie de figure, mais une identité générique. Toutes les parties de l'organe auditif, conduit externe et pavillon, ne rappellent pas seulement, mais montrent clairement, plus ou moins modifiée, la forme de l'hélico-ellipse spirale.

Est-il nécessaire de développer ici pour les autres sens ce qui est de toute évidence pour celui de la vue, où l'œil montre la réalisation d'apparence circulaire, pour celui de l'odorat où les courbes spirales se révèlent partout? Reste à expliquer cette forme symétrique ou bi-latérale dans les deux règnes organiques, et sa concordance avec la spirale qui en est la loi constante.

Prenons le cas le plus simple, celui d'un végétal à fleurs personnées. L'accroissement se fait par verticilles ou tours de spire, et les feuilles se placent suivant les rapports prédéterminés dans le germe à l'état de rythme virtuel. Ce rythme virtuel se change en forme matériellement visible réalisant ainsi le développement de la plante. Il est facile de concevoir comment les feuilles symétriques peuvent être composées dans ce rythme. Quant aux fleurs, *elles résultent d'un dédoublement de rythme.* En d'autres termes, cet état rythmique matériellement inscrit, contenant virtuellement la phase ultérieure de l'évolution, se double comme par un reflet, ou par un mirage, ou par une empreinte; la spirale droite fait ainsi naître la spirale gauche et l'évolution se poursuit ainsi en deux formes symétriquement jointes et opposées.

C'est ainsi que se produit la forme symétrique bi-latérale des êtres.

Notre industrie moderne a créé des appareils mécaniques représentant rigoureusement cette fonction. Je veux parler de ceux qui ont pour effet d'obtenir la reproduction sculpturale d'une figure, en mettant à droite ce qui est à gauche dans le modèle, et à gauche ce qui est à droite.

Pour bien comprendre l'explication précédente, il faut considérer ce qui suit : la transformation de la forme en rythme, l'inscription d'un rythme à l'état virtuel dans une forme matérielle, et la reproduction de la forme primitive par le passage d'un rythme virtuel déterminant une évolution nouvelle à l'état de rythme effectif, telle est la série de faits qui explique et figure exactement aux yeux de l'esprit le phénomène de la reproduction des êtres vivants.

Il serait difficile d'arriver à cette conception si des instruments d'invention humaine n'en montraient un mode fonctionnel absolument identique dans son principe.

Dans un de ces instruments, l'improvisation musicale d'un compositeur jouant sur un clavier s'inscrit et se découpe sur une bande sans fin. Cette bande est donc mieux encore, c'est-à-dire plus exactement que l'écriture musicale, l'expression du rythme à l'état virtuel. Elle sert, en passant dans un autre appareil, à diriger le jeu automatique de l'improvisation une fois reçue, et

peut nous la faire entendre autant de fois que
nous le voulons.

Un livre n'est que de la parole humaine
(rythme sonore) à l'état virtuel, mais seulement
cet état virtuel n'est que symbolique ; le lieu
véritable où le rythme virtuel de la parole existe,
c'est le cerveau du lecteur, où chaque signe
réveille un souvenir phonétique.

Le cylindre de l'orgue de barbarie et des
autres instruments de ce genre présente
une traduction à peu près exacte du rythme
musical, moins les notes, représentées par l'accord préétabli des tuyaux sonores. L'ensemble
de l'appareil conserve bien, comme le cerveau de
l'homme, la création rythmique musicale à l'état
morphique ou virtuel.

Dans le télégraphe autographique, une surface
portant des figurations diverses, signes d'écriture
ou dessins, transmet, au moyen d'un dispositif
mécanique relativement simple, ces figurations à
l'état rythmique, par les interruptions d'un seul
courant traduisant ce rythme, à une autre surface

située à l'autre bout du fil conducteur, où, par l'effet d'un dispositif analogue de l'appareil récepteur, le rythme redevient figure et reproduit ainsi les signes confiés à l'appareil d'envoi.

Les appareils réducteurs des formes sculpturales offrent un autre exemple du passage d'une forme à l'état rythmique, et, de cet état rythmique, à l'état morphique réduit ou amplifié, ou, comme je l'ai rappelé plus haut, retourné de gauche à droite.

On comprend ainsi la possibilité pratique de transmettre la forme d'une statue au moyen d'un câble conducteur, d'un continent à l'autre, à travers l'Océan (XI).

Dans l'usage du téléphone, le rythme de la parole est transmis directement; dans le phonographe, le rythme est gardé à l'état virtuel dans une forme réalisée, puis repasse à volonté à l'état de rythme articulé et sonore[1].

---

[1] Le *phonographe* ou *paléophone*, invention française de notre siècle. Quelques-uns s'obstinent encore, en dépit du témoignage de notre Académie des Sciences et des documents écrits, à l'attri-

Ces faits sont de la plus grande importance au point de vue de l'ensemble d'hypothèses que nous exposons ici. Ils nous permettent de tracer les premières lignes d'une théorie de la génération ou reproduction des êtres vivants, complétant ce qui en a été déjà dit dans le précédent chapitre.

Tout germe contient l'évolution de la vie à l'état de rythme inscrit. Nous ne pouvons mieux nous représenter la ligne d'inscription que par une courbe spirale asymptotique en hélice plus ou moins régulièrement circulaire ou elliptique.

C'est l'état de rythme virtuel. Il est facile de concevoir qu'il contient ainsi toute une évolution possible et toute la loi d'une forme (V).

Considérons le règne végétal (abstraction faite, pour le moment, de la sexualité); une graine contient l'évolution de l'être végétal à l'état de rythme virtuel ainsi inscrit. L'évolution se fait

buer à l'américain Edison, qui n'en a été que le constructeur. L'inventeur véritable de ce merveilleux instrument est mon regretté frère Charles Cros.

jusqu'à la floraison, jusqu'à la formation parfaite de la graine. Dans la graine se retrouve toute l'évolution accomplie, passée de nouveau à l'état de rythme virtuel ; et c'est là ce qui constitue à proprement parler un *germe*.

Je réduis ici la théorie à sa plus simple expression, évitant de faire intervenir l'action sexuelle qui est de même ordre, mais qui exige plus de complication, même dans l'énoncé des successions de faits.

Il suffira de faire remarquer que si l'hypothèse que nous exposons sur le mécanisme de la génération, ou sur un point de vue restreint de ce mécanisme, n'est pas conforme à la vérité, il faut admettre que le germe d'un gland de chêne contient réellement, actuellement et matériellement réalisée, non seulement toute une forêt, mais une infinité de forêts, d'infiniment petits en infiniment petits relatifs, et ainsi de suite jusqu'à l'infiniment petit absolu. Or cette hypothèse est contraire à tout ce qu'on admet de la constitution de la matière et de la structure des corps.

Elle est incompatible avec toute théorie atomique.

J'ai attribué à l'âme, comme organe essentiel, une courbe à caractère de spirale logarythmique, à cause de l'idée préconçue que j'avais de son éternité (VIII).

N'est-ce pas avec des idées préconçues que se construisent les hypothèses et les théories ?

Tout ce qui est n'a pas commencé d'être et ne finira jamais.

Je nomme être ce qui est absolument, l'âme est un être, ou une essence, ou une puissance.

Elle est éternellement.

Les phénomènes ne sont pas des êtres, mais des manifestations d'êtres.

J'appelle une chose un groupe de phéno-mènes qui peut me suggérer l'idée qu'il est un être, mais qui n'a point en lui-même sa propre loi, et qui a reçu sa loi d'un être véritable ; une machine est une chose et non un être ; la loi qu'elle manifeste lui vient d'un être, d'une essence, d'une puissance, de l'âme, en un mot de celui qui l'a inventée et construite.

Il n'est pas toujours facile de décider si un groupe de phénomènes est, suivant ces définitions, un être ou une chose. Cette question peut se présenter souvent à notre esprit.

La courbe spirale ci-avant définie — je l'appellerai parfois la spirale, par abréviation — a une longueur sans limites, s'approchant en dedans d'un point central qu'elle ne peut atteindre jamais, autrement dit qui lui est asymptote, et se développant au dehors, en spires de plus en plus écartées et s'écartant sans cesse et toujours.

Elle peut donc facilement représenter l'éternité de l'être telle que je l'admets, telle que je veux la faire entrer dans cet ensemble d'hypothèses.

Je l'appelle organe essentiel de l'âme, parce qu'elle peut recevoir des empreintes rythmiques en nombre indéfini. Elle peut donc contenir et conserver éternellement tout ce qu'une âme peut embrasser et posséder. J'ai donné à cette fonc-

tion le nom de souvenir intégral, par comparaison avec la fonction analogue du souvenir
confus, partiel et temporaire, qui est le propre
d'une partie notable des masses nerveuses encé-
phaliques, chez les animaux et chez l'homme.

CHAPITRE V

J'ai dit : *La matière, ou plutôt l'espace limité, nous apparaît comme idéalement divisible à toujours. L'atome domaine de l'âme n'en est pas moins physiquement indestructible comme tous les atomes; et il n'est pas nécessaire de supposer la courbe essentielle modifiable en ses rapports individuels. Ainsi l'être porte en lui sa loi. « Il est sa propre loi. »*

Chaque atome est un univers soit réalisé, soit au moins virtuel. Chaque atome, domaine essentiel d'une âme concevable, est un univers réalisé en diverses phases évolutives, dont le nombre se perd, dans l'origine infinie, d'infiniment petits en infiniment petits.

Les atomes composant tous les corps animés ou inanimés de notre univers, et pareillement ceux dont est formé l'éther dans lequel ils se meuvent, sont gardés de toute destruction par leurs dimensions infiniment faibles relativement même à l'ordre de grandeur des molécules qu'ils concourent à former. Cette seule condition suffit à les faire insécables, c'est-à-dire atomes. Leur perennité est ainsi assurée par la structure même et la hiérarchie rythmique de l'univers total, et cela sans qu'il soit besoin de leur attribuer une impénétrabilité spéciale ou des propriétés dont rien ne saurait nous donner une idée.

Ils constituent la base primordiale de l'univers où nous vivons ou, plus précisément, de sa zone moléculaire. Ils ne peuvent être menacés dans leur intégralité par les corps ni par les forces qu'ils contiennent, et qui les constituent. Ces corps, ces forces, et leur éther spécial sont proportionnés à leur degré de grandeur, c'est-à-dire d'un ordre d'infiniment petits en relations démesurées, pareilles à celles qui existent entre l'étendue de notre univers et les atomes qui le composent.

Les atomes peuvent être plus ou moins grands les uns que les autres, mais étant de dimensions comparables entre elles, gravitant à jamais les uns autour des autres, ils ne peuvent ni se compénétrer, ni se détruire les uns les autres. Même en admettant leur choc réciproque, soit comme fonction, soit comme accident, ces chocs entre des objets de même nature, de constitution analogue et de densités médiocrement différentes ne sauraient être causes de rupture ou de destruction. L'appareil arché-spiral qu'ils portent en eux est, par les mêmes raisons, à l'abri de toute altération importante, de toute segmentation, comme de toute déformation permanente et grave (I).

Cette conception est absolument concordante à l'idée préconçue de l'immortalité de l'âme, elle impose même celle de son éternité.

On peut se demander ici — ne serait-ce que pour déblayer le terrain, car la complexité des problèmes enchevêtrés qui se présentent à nous aggrave beaucoup les difficultés du sujet — si tous les atomes sont des domaines occupés par des âmes. Il me semble que résoudre la question par la négative n'aurait aucune utilité. Dès lors, il faut admettre entre une âme humaine, ou simplement zoologique, et l'âme gouvernant tel atome *ultimate* ou monade d'hydrogène ou de carbone, une différence incommensurable de valeur sériaire. Cette différence est-elle rattachée à l'âge rythmique du développement ? Dans ce cas, une âme d'atome, inapte à toute incarnation, pourrait être considérée comme virtuellement capable d'acquérir l'aptitude à s'incarner après plusieurs séries d'éternités relatives, ou bien il faudrait supposer une inégalité incommensurable et primitive des âmes et des atomes depuis le jamais de l'origine des choses.

On peut admettre dans ce sens qu'une âme humaine a toujours été humaine par sa nature propre, et qu'une âme d'atome hydrogénique n'a jamais eu et n'aura jamais d'autre fonction que de maintenir éternellement, pour concourir à former un univers d'un certain degré, l'existence d'un atome d'hydrogène. Il faudrait en conclure que, pour assurer l'existence d'un seul univers évolutif et son développement ou son progrès dans la vie et dans la réalisation de créations de plus en plus belles, il faut un nombre quasi-infini de mondes sans évolution progressive ou tout au moins d'une vitesse relative de développement extrêmement lente. Cela peut être admis.

J'ai dit : *La courbe, organe essentiel et permanent de l'âme, est absolument comparable aux hélices d'instruments créés par l'industrie humaine et d'un usage déjà commun dans notre siècle. Ces hélices sont destinées à recueillir et à enregistrer des mouvements, c'est-à-dire des rythmes, par l'effet d'un très simple dispositif.*

Or, toute l'existence consciente des êtres vivants est exclusivement composée de séries ou d'ensembles de sensations. Toutes les sensations ont pour cause extérieure les forces diversement rythmées. Ces rythmes divers, quelque peu modifiés en traversant l'intermédiaire indispensable de notre système nerveux, vont tous s'inscrire sur la courbe, organe essentiel et permanent de l'âme.

Je l'ai déjà expliqué et démontré en des écrits antérieurs, la sensation est la matière dont toute vie sensorielle, intellectuelle et morale est faite. Élément irréductible dans la conscience, la sensation est déterminée par des rythmes très concevables dans nos appareils nerveux. Nous pouvons en étudier, en mesurer, en représenter les formes et les conditions mécaniques, quand nous considérons les forces physiques ou extérieures qui les occasionnent.

Les souvenirs, lorsqu'ils se réveillent, ne sont que des sensations de même nature que les impressions immédiates ou périphériques, mais d'un ordre particulier (sensations cérébrales).

Les idées générales elles-mêmes ne sont que des sensations cérébrales obtenues par simplifications d'images, et les souvenirs des transactions dynamiques dont notre cerveau a été l'instrument et le théâtre à l'occasion du travail intérieur nommé pensée. Cette doctrine nécessiterait d'assez grands développements, étant donné le nombre de fausses théories répandues sur ces questions parmi les sectes philosophiques. Ces développements ne sauraient ici trouver place.

Les souvenirs à l'état latent sont les traces inscrites en nos cellules cérébrales (appareils enregistreurs à réversibilité, vivants) de nos sensations périphériques.

Les souvenirs, chaque fois qu'ils se réveillent, aussi bien que les sensations d'ordre périphérique, vont s'inscrire, *par un seul point de contact* capable d'en transmettre le rythme, sur la spirale organe essentiel de l'âme. C'est ainsi que sur cette spirale, la vie intellectuelle, sensorielle et morale s'inscrit tout entière en mode, pendant la vie, de souvenir intégral latent.

Les cellules cérébrales dont le dispositif intérieur reproduit en quelque chose celui de la spirale essentielle, puisque leur fonctionnement est analogue, devaient être nombreuses, tandis que la spirale essentielle est unique. Bien que reliées entre elles par certaines fibres commissurantes, elles ont une indépendance relative, indispensable à la direction des mouvements coordonnés qu'elles régissent, et qui dépendent des parties diverses du corps. Il en faut beaucoup pour déterminer les mouvements d'un seul faisceau musculaire qui agit pour telle ou telle action, en synergie, tantôt avec un certain groupe, tantôt avec un autre groupe de muscles. Elles devaient être caduques et périssables, parce que l'oubli est une condition nécessaire de la vie, parce que les souvenirs doivent avoir une intensité de plus en plus faible, sous peine de faire durer sans fin la même impression avec la même vivacité. Cela serait incompatible avec les mises en rapport successives de l'être avec les milieux changeants dont se compose une existence planétaire. Elles doivent se renouveler partiellement et successivement pour que les impressions nouvelles puissent être reçues à la place des anciennes. Le cerveau est comparable à une bibliothèque d'archives, mais dont les volumes tomberaient peu à peu en poussière, et devraient être souvent renouvelés, ou bien à un livre dont les caractères s'effaceraient en peu de temps, et qu'il faudrait réécrire toujours.

Sans cette condition, on ne saurait comprendre le cerveau pour le fonctionnement de la vie (XII).

Le cerveau est encore, je viens presque de le dire, un magasin d'appareils enregistreurs de mouvements ou si l'on veut un *monde* composé d'un nombre très grand de cellules pareillement organisées, et tous les centres d'impressions sont ainsi mis en rapport avec les mouvements possibles des organes de l'action extérieure.

La spirale essentielle reçoit tous les rythmes et les garde implacablement pour l'éternité, mais elle n'a point d'effet de réversibilité pendant la vie; sans quoi nous aurions, nous les vivants, la faculté de revivre à notre gré une partie du passé de cette existence, non en mode de sensation cérébrale, en souvenirs plus ou moins déformés ou confus, mais en une hallucination totale et parfaite, ce qui n'est pas et ne peut être; car ce n'est pas là notre destinée sur la terre où nous sommes pour y multiplier les rapports des choses et des êtres avec nous, c'est-à-dire en deux paroles : aimer et agir.

J'ai dit : *La spirale peut recevoir et elle reçoit un grand nombre d'impressions venues des milieux où se développe l'être vivant, mais non senties pendant la vie. Elle reçoit et garde la trace de toutes les structures et de toutes les formes constituant l'organisme corporel de l'être et de tous les instants de son évolution terrestre.*

Par ce moyen elle peut garder, en rythmes fixés, les effets de beaucoup d'influences non transmises par la sensation, mais subies en divers modes. Par exemple, les séries rythmiques reproduisant la forme, le développement, l'existence passée des ancêtres totalement ou partiellement contenus en l'organisme virtuellement réalisé par le concours sexuel, au moment de la conception. — De là toutes les manifestations de l'atavisme. C'est là une des raisons explicatives de la nécessité de ce concours qui n'existe pas, ou qui se confond en chaque élément histologique, dans les espèces inférieures ou primitives.

Elle peut recevoir des influences totales ou partielles par simple contact ou par assimilation corporelle de molécules organiques introduites soit par l'alimentation, soit par la respiration, soit en d'autres modes nombreux et divers.

L'âme prend ainsi possession de formes totales
que les yeux peuvent n'avoir jamais vues, que les
yeux, quand ils les voient, ne peuvent embrasser
que dans leur configuration extérieure.

Cette hypothèse est conforme à beaucoup de
faits observés de tout temps. Elle mérite d'être
quelques instants discutée et développée.

Tous les éléments faisant partie d'une synthèse vivante, plante, animal ou homme, portent
en eux l'empreinte de la synthèse totale.

On n'a jamais vu cette empreinte qui ne peut
être qu'à l'état de rythme fixé et inaccessible à
nos sens, comme tous les phénomènes qui se
passent en des étendues quasi-infiniment petites.
Mais nous savons que, chez les êtres des plus
bas degrés de la série zoologique, une partie
quelconque du corps de l'animal, séparée du reste
par l'instrument tranchant, ne meurt point, et se
développe en reproduisant la forme de l'être
entier. Or, cette fonction étant d'ordre absolu,
on ne peut admettre qu'elle cesse absolument
d'exister dans les degrés supérieurs.

En effet, elle ne cesse pas brusquement d'apparaître.

La scissiparité des infusoires est un fait du même ordre.

En montant quelques échelons, on voit un animal se reproduire par des œufs qui se montrent et se développent à un point quelconque de son tégument externe, puis se détachent pour accomplir à part une évolution libre. On voit aussi en même temps le même être, sous l'influence d'une petite érosion locale accidentelle ou artificielle de son corps, donner naissance, comme par bouture végétale, à un individu semblable à lui.

Dans le règne végétal, en effet, c'est la loi commune : un bourgeon divisé en deux, produit deux branches semblables à l'être entier ; et si ce bourgeon est coupé en plusieurs parties, il produit des branches pareilles, en nombre égal à celui des fractions ainsi obtenues. Des insectes opèrent souvent cette division des bourgeons naissants et le résultat en est toujours le même. Donc chaque subdivision, même très petite, de l'être végétal, contient le rythme essentiel de sa forme entière.

Dans les hauts degrés de la série zoologique, la fonction se voile pour ce qui est de la généralité des éléments organiques, en se particularisant de mieux en mieux : c'est le signe de toute supériorisation ; mais elle ne peut disparaître absolument des éléments histologiques. Elle ne disparaît pas.

La théorie qui seule peut rendre compte de ces faits si importants dans l'étude de la vie, est celle de la spirale logarythmique plus ou moins hélico-elliptique, où tout rythme représentant une forme et son évolution peut si bien se fixer pour reproduire plus tard, par action de réversibilité du dispositif mécanique, cette même forme et cette même évolution.

Qu'on la considère dans les degrés inférieurs ou dans les degrés supérieurs de la série, à l'état disséminé ou particularisé en deux sexes différents, la fonction est la même, et s'explique par un mécanisme pareil. Donc, la fonction spirale est un fait d'une immense généralité. Le cas particulier de l'âme humaine le présente seulement dans un mode éminemment complet, indépendant et supérieur.

On peut tirer de ceci immédiatement la possibilité, la probabilité suivante.

Toutes les parties des êtres vivants, animaux ou végétaux, qui servent à notre alimentation, contenant en mode rythmique une image parfaite de l'organisation et de l'évolution entière des êtres d'où ils proviennent, peuvent transcrire intégralement cette image, par des transmissions mécaniques facilement concevables, sur la spirale organe essentiel de notre âme. Notre âme prend ainsi possession des archétypes complets de ces êtres. Ce qui implique également la possibilité de faire reparaître leur forme en mode de création réelle, dans l'univers atomique, domaine propre et divin de cette âme, et cela pour toujours.

D'autres modes de transmission peuvent être admis ; les types des êtres peuvent nous venir

par la respiration, par le simple contact des mains
ou des lèvres; et cela jette une lueur inattendue
sur une partie des mystères de l'amour, considéré au point de vue de ce qu'on nomme les
causes finales. Les microbes eux-mêmes, de
genres, d'espèces et de variétés innombrables,
transmis par l'atmosphère ou par tout autre
moyen de transport, peuvent nous apporter des
pays lointains, dans le coin de la planète que nous
n'avons jamais quitté, d'innombrables formes
animales, végétales ou humaines. Cela serait une
fonction divinement heureuse de ces êtres, dont
plusieurs ne paraissent d'abord créés que pour
assurer le malheur des habitants de la terre, et
pour décimer leur nombre par la mort. Pour ce
qui est de la vie terrestre, ces particules des
êtres supérieurs, incapables de reproduire l'être
entier en mode de génération effective, mais contenant, aussi bien que chez les êtres inférieurs,
toutes les particularités du type qu'ils ont con-
couru à réaliser, sont-elles sans action sur les
êtres affectés de leur contact immédiat ? Cela

n'est pas à supposer. Elles agissent en manière
d'influences sur les types des individus appartenant aux diverses races vivantes. De là viendraient
en partie les variétés typiques indéfinies contri-
buant à la physionomie individuelle. Cela pourrait expliquer pourquoi, dans l'espèce humaine,
certains êtres d'une race présentent parfois un
ou plusieurs caractères reconnaissables d'une
autre race, ce que l'atavisme souvent invoqué
n'explique pas si bien dans tous les cas.

L'influence des formes les unes sur les autres
est d'autant plus marquée dans les résultats
effectifs tous les jours observés qu'elles diffèrent
moins entre elles. Cependant on peut concevoir
que le nombre joue un certain rôle dans les faits
de ce genre. Ainsi, n'a-t-on pas remarqué il y a
longtemps que tel homme rappelle en ses traits
tel ou tel animal, et que parfois on peut reconnaître en sa physionomie celle précisément de
l'animal par lui soigné, conduit ou poursuivi
d'habitude. Ici l'atavisme (dont je suis loin de

nier en général l'influence) ne saurait guère servir à l'explication du fait.

Beaucoup de prétendus préjugés populaires sur les *regards* reçus par les femmes au moment de la gestation, se trouveraient moins faux que par préjugé on ne le suppose. Cela indiquerait aussi très bien en quoi consiste la célèbre influence des milieux et de la culture sur les colorations et les formes des fleurs, en leurs variétés, sans préjudice de l'influence des rythmes transmis par les pollens des autres fleurs que l'observation des faits a depuis longtemps fait admettre comme bien réelle.

Ces considérations pourraient être poussées très loin en fonction d'innombrables réalités — je dois m'arrêter cependant — qu'il me suffise d'avoir donné la formule générale de telles influences, savoir : la transmission rythmique d'une forme à une autre.

CHAPITRE VI

J'ai dit : *Après la mort, l'être conserve, pour l'éternité ultérieure, dans son domaine propre, toute sa vie consciente et inconsciente, depuis l'instant de sa conception jusqu'à son dernier soupir. Sur l'hélice elliptique et spirale, il a gardé la trace indestructible de toutes ses existences passées, depuis l'infini des temps.*

Dans la mort, et avant la réincarnation suivante, durant une éternité relative, ou pendant une période déterminée plus ou moins longue, il pourra revivre à son gré, et tant qu'il en aura le désir ou le besoin, toutes les journées, ou toutes les heures de ses existences passées, dont il aura ainsi le souvenir intégral.

Je ne prétends pas contenter tout le monde, en posant cette hypothèse de la ligne spirale ou tourbillonnante, capable de recevoir et de garder tous les rythmes, et, par cela même, toutes les formes, ni même, puis-je dire, ce n'est pas uniquement pour me contenter moi-même que je l'ai faite.

Elle m'est venue à l'esprit confuse d'abord, un jour que je vis des spirales tracées d'après diverses espèces de coquillages hélicoïdes en un livre de zoologie, dans la vitrine d'un libraire, puis, de plus en plus distincte, elle s'est présentée à moi à l'occasion de mille faits rencontrés sur le chemin de mes études. Elle s'est enfin offerte à mon esprit dans sa généralité, comme pouvant seule expliquer un grand nombre des relations les plus mystérieuses des choses, m'expliquant la pérennité de la vie, la génération des êtres, m'offrant enfin un ensemble de conditions géométriques et mécaniques démontrant jusqu'à l'évidence la POSSIBILITÉ, en quelque sorte matérielle de l'immortalité et même de l'éternité des êtres conscients.

C'est donc de la recherche désintéressée et sereine des conditions nécessaires des choses que cette idée est née ; et, sans me préoccuper de savoir si elle serait plus tard, étant discutée et développée, agréable ou non à mon sentiment intime, je l'ai soigneusement contrôlée à la pierre de touche de mon savoir, de mon expérience et de ma logique, et j'ai constaté que jamais l'absurde ne venait me barrer le passage, comme il arrive lorsqu'une proposition mal formulée subit l'épreuve d'un raisonnement juste.

Il y a dans cette pensée des existences indéfinies, en avant comme en arrière, et de l'implacable permanence de leurs traces dans la profondeur de notre être, quelque chose qui étonne et qui terrifie. La question n'est pas de savoir si cela est fait pour nous plaire, mais si cela est ou n'est pas.

J'ai connu des savants négateurs de l'immortalité de l'âme ; quelques-uns sont morts dans la foi religieuse de leurs ancêtres, donnant ainsi, en quittant la vie, un démenti à cette négation obstinée et triomphante de leurs jours de santé et de vigueur. L'homme, comme les sages l'ont toujours remarqué, aime l'existence en ce bas et triste monde, même dans l'inquiétude, même dans la douleur ; et combien de suicides n'auraient pas lieu, si on pouvait, à une certaine minute, arrêter au bord de l'abîme les désespérés. Combien ne voit-on pas de malheureux vivre plusieurs années, la face défigurée par un coup de pistolet qui n'a pu les tuer au moment où ils voulaient mourir, ayant ainsi ajouté à l'ultérieure partie de leur carrière terrestre, une infortune irréparable de plus.

J'ai connu un poète (et toute une secte est de son avis, faisant de nos jours souvent et beaucoup parler d'elle) qui disait sincèrement, je crois, avoir soif de la mort absolue, non du *nirvana* mal déterminé, mais de l'anéantissement total.

Mon pauvre ami, tu avais simplement grand besoin d'oubli et de sommeil.

Lorsque l'âme désincarnée sera réduite à la possession de son domaine propre — réduite !... ce n'est pas ainsi qu'il faut dire — sera remise en possession de son immense royaume, elle aura besoin de recourir aux trésors accumulés de ses souvenirs, même au travers de plusieurs existences passées, d'y retrouver les bonheurs des jours rapides, les minutes heureuses de ses amours, et, par moments même ses douleurs passées, qu'elle ne subira qu'à son gré. Il faudra qu'elle fasse en quelque sorte l'inventaire de ses créations antérieures, créations qu'elle devra porter à un nouveau degré de perfection, non pas seulement avec sa fantaisie, insuffisante même dans la toute-puissante, mais en mettant encore en œuvre les formes et les rythmes acquis ou conquis dans son existence dernière.

Mon cher poëte, si tu rencontres parmi ces images indestructibles ressuscitées en leurs réels mouvements, les traces de tes fatigues et de tes accablements passés, tu évoqueras tes heures de joie, ou même tes moments de sommeil et d'oubli. Te sentant délivré pour longtemps de l'énorme lassitude humaine, tu reprendras ton travail comme un dieu laborieux, jusqu'à ce que tu aies épuisé tout l'idéal compatible avec le degré de ton évolution spirituelle. Alors, tu chercheras de nouveau l'oubli, et tu l'auras cet oubli nécessaire, en te réincarnant bravement dans une forme vivante plus belle, et pour vivre encore une existence humaine, dans un monde moins douloureux sans doute que celui où tu as souffert, peut-être plus que ta part.

L'âme ne peut être conçue sans la pérennité de la conscience et sans la toute-puissance dans l'espace idéal, deux facultés, deux conditions essentielles sans lesquelles elle ne serait pas ; cela implique la possession réelle d'un espace et une proportion de matière en mouvement dans cet espace, aussi limité qu'on le voudra, mais réel. Car ces changements de rapports dans la pensée ne peuvent se comprendre qu'en mode virtuel, et correspondant à des mouvements dans la réalité matérielle et dynamique. De cette façon seulement, se révèle en elle la possibilité de coordonner des choses, de combiner des arrangements divers, de créer des formes et des rythmes.

Mise en possession de son domaine propre, et après avoir pris conscience de son pouvoir, elle commencera par se créer des paradis, tous les paradis qu'elle pourra désirer et réaliser, lesquels seront variés et nombreux. Elle trouvera les éléments de ces paradis, plus ou moins beaux, plus ou moins délicieux, dans ses souvenirs parfaits, rythmes et formes de la vie, dont elle supprimera les côtés et les moments pénibles, retenant seulement les autres, multipliés, disposés, surélevés suivant sa fantaisie, c'est-à-dire sa puissance. Ces créations presque sans corps s'inscriront, comme pendant la vie se sont inscrites toutes les impressions passagères, comme se sont enregistrés même les rêves les plus incohérents, sur la spirale-archée.

Cette puissance de l'âme, illimitée en un certain sens, c'est-à-dire que rien ne limite qu'elle-même dans le champ limité de son action, ou si l'on veut cette toute-puissance relative, mais qui résume ce que l'on nomme ses facultés dans leur ensemble, n'est pas invoquée ici par hypothèse. Elle est un fait réel et indéniable. Lorsque nous la laissons aller à l'aventure sans l'appui d'autres nécessités que celles de nos sensations-souvenirs, sans d'autres instruments que notre organisme cérébral, avec les courants de force qu'elle y dirige, elle développe les mondes fantastiques que l'homme se plaît à mêler aux faits souvent douloureux ou monotones de sa vie.

On la nomme alors imagination ou fantaisie. Si nous la mettons aux prises avec ces faits, en des rapports multipliés par l'observation et l'expérience, elle crée toutes les sciences, inventant les méthodes, et les calculs, et tous les instruments nécessaires du savoir, classant ses idées générales, de plus en plus précises, après les êtres et les choses de mieux en mieux connus.

A quoi bon développer ces idées sur l'âme, où presque rien de nouveau n'est à dire! Qu'on la suppose matière ou esprit, suivant un langage encore usité, elle commande au corps, elle dirige une partie de ses mouvements, ceux appelés pour cette raison *volontaires*. Comment cela peut-il s'opérer, par quel mécanisme, par quels moyens ?

Personne ne peut nier le fait capital et spécial de la conscience. Entre lui et tous les autres faits que l'esprit peut considérer, il y a de vastes abîmes. Sentir des impressions, avoir des perceptions; posséder, en une sorte d'unité infrangible, des modes divers et simultanés, et aussi des modes successifs de la sensation; imaginer et penser, se faire ainsi à soi-même des motifs d'action; commander à une certaine quantité de force, et mettre en mouvement, dans l'organisme d'abord, et, au moyen de l'organisme, dans le monde extérieur, une certaine quantité de matière, n'est-ce pas être une cause directement efficace, une puissance particulière, dont l'existence se révèle et s'impose en une claire évidence ?

Beaucoup de savants, quelques ignorants aussi, pensent que cette chose, cet être, cette essence, cette puissance, cet inconnu n'existe pas ; et que le corps n'est qu'une machine, où la conscience et tout le reste se fait (on ne sait comment, il est vrai) par suite d'une agrégation de matière (*fortuite*, disent les uns, les autres ne disant rien).

Tous les organismes matériels, faussement dits automatismes car ils sont hétéromatiques, tous les instruments que l'on peut construire ou même imaginer, pourront servir à un nombre indéfini de fonctions ; mais quel est celui qui produira de la conscience, de la coordination, de l'imagination, de la pensée, et même du mouvement spontané ?

On peut admettre que l'âme, pour diriger les forces cérébrales, directrices médiates des mouvements de tout le reste du corps, sans sortir de l'atome où son règne est absolu, émet des quantités infinitésimales de ses forces propres. Ces

forces agiraient ainsi par déclanchement. Supposons le jeu d'un clavier pouvant produire, étant
donné un certain dispositif destiné à cette fonction, d'énormes déplacements matériels, des
explosions formidables, hors de proportions avec
la force musculaire développée par l'homme dont
les doigts actionneraient les touches. Telle pourrait être la façon dont l'action volontaire s'exerce.
Il faut absolument en venir à admettre ceci
comme un fait de toute évidence : l'âme agit
directement sur des ensembles de forces, et les
dirige dans un but, suivant une volonté, comme
le statuaire dirige ses mains sur l'argile pour
modeler son œuvre. Et ceci n'est pas une comparaison, mais un cas particulier du fait général
lui-même. Si nous cherchons d'où vient l'œuvre
sculpturale notre esprit suit les cordons nerveux
par où le rythme excitateur nerveux est transmis,
plus loin, encore plus loin, nous cherchons le
centre d'où part la direction, et là, nous ne pouvons
que constater la nécessité d'une cause spéciale
qui se nomme l'âme, dans le langage des hommes.

Aussi bien ne savons-nous pas comment la force déplace la matière, ou si l'on veut, comment la matière est déplacée ou mise en mouvement. Cela ne s'explique point, mais se constate, et sert à l'explication de beaucoup de choses. Aucun mécanisme réel ou inventé ne présente la moindre analogie avec ces faits d'ordre spécial, et par leur nature même irréductibles.

L'âme agit simultanément sur plusieurs forces diversement dirigées, en les disciplinant, en quelque sorte, parfois suivant une idée antérieurement conçue et dans un but déterminé, mais aussi pour faire naître une idée, une combinaison nouvelle on ne sait d'où venue.

C'est là un des caractères que l'on nomme très communément divins, lorsqu'on parle de certains faits, ce qui revient à dire qu'on les tient pour inexplicables.

En effet, l'ensemble de ces propriétés irréductibles forme le caractère distinctif d'une âme ou d'une divinité. Une âme ne diffère d'une divinité, dans la notion que nous pouvons nous en former, que du moins au plus, en des porportions très grandes il est vrai ; et nous n'y pouvons véritablement découvrir aucune différence de nature.

Les êtres, cependant, sont loin d'être égaux, et les paradis des uns doivent être très différents de ceux des autres.

Une toute-puissance ne peut rien, seule et par elle-même. — Je ne parle pas ici de la Toute-Puissance absolue.

L'âme possède le pouvoir caractéristique de créer, soit ! mais il lui faut des motifs pour le faire ; elle ne peut trouver de tels motifs qu'en des attractions, qu'en ses préférences pour les créations dont elle a subi l'influence, pour les autres êtres rencontrés dans la vie, et pour les œuvres de ces êtres. L'amour seul crée, l'amour seul peut ajouter un degré de perfection à la manifestation formelle de l'être aimé, degré de perfection réversible à l'être aimant. L'amour seul est l'énergie secrète qui permet la manifestation et l'accroissement d'une âme, ou d'une puissance, ou d'une divinité.

J'ai dit : *L'âme pourra revivre ses existences passées ; et à l'occasion des souvenirs parfaits des êtres et des choses compris dans les sphères de ses relations antérieures, elle reformera, elle idéalisera ces existences passées.*

Elle se fera ainsi des paradis nouveaux avec les sensations anciennes combinées en des arrangements indéfinis.

Les êtres aimés, elle les possédera toujours, les splendeurs vues, elle les possédera toujours. Atténuant à son gré ou supprimant toute confusion, toute laideur, toute faute, elle pourra élever chaque groupe d'impressions au degré d'idéal conforme à sa nature propre, multipliée par son action sur elle-même, et par l'action accumulée des créations diverses traversées dans la succession des temps.

De cette façon, nul effort ne sera perdu dans la série rythmique des univers.

Nulle œuvre ne périra.

Les poésies que nous avons lues, les merveilleuses peintures que nous avons vues, les superbes symphonies que nous avons entendues, toutes les œuvres de l'esprit entrées une fois en nous, nous les posséderons à jamais. Elles revivront dans les âmes de tous ceux qui en ont été imprégnés une seule fois. Tout ce que nous avons reçu par influence en notre corps, s'inscrivant aussi bien que nos sensations sur la spirale individuelle, un nombre immense des images de la création terrestre viendra également accroître le trésor de nos possessions intimes.

Cela étant, il n'est pas indifférent, on le voit, de passer quelques années, quelques heures, quelques jours sur la planète. Il n'est pas indifférent même de vivre quelques instants, un seul instant de la vie embryonnaire, si les rythmes et les formes se transmettent aussi à la spirale-archée autrement que par les sensations. La mort, par une illusion sinistre, nous paraît maîtresse despotique de ce monde, sourde, implacable, cruelle. Le roi de cet univers nous paraît être « devant la face des esprits célestes qui pleurent, le ver du tombeau, le ver, le ver conquérant ».

Certainement mourir avant d'avoir accompli l'évolution de la vie en sa plus longue durée, c'est un véritable malheur, et certains peuples anciens qui n'avaient aucune idée claire d'une pérennité quelconque de l'âme, avaient raison de vouloir mourir « pleins de jours ». Mais l'immortalité peut tout réparer. Pour ceux qui meurent jeunes ici, la compensation s'établira en d'autres existences. Et le véritable roi des univers distribués en séries rythmiques, c'est l'amour éternellement glorieux, éternellement triomphant.

J'ai dit : *Quelle que soit la variété des choses possédées ou créées par l'âme, le désir absolu du mieux, du neuf, de l'inattendu ne saurait s'en assouvir pour toujours. Le besoin de relations nouvelles avec d'autres âmes ne tardera pas à se faire sentir. Il sera satisfait, pour une durée, par la nécessité de faire dans l'atome-univers, dans ce domaine royal ou divin de l'âme, l'œuvre d'une création, c'est-à-dire l'évocation des âmes ou puissances et des formes de l'infiniment petit relatif de l'ordre immédiatement inférieur.*

Cette nécessité de faire une création dans un univers possédé par nous, paraît, au premier abord, effrayante, formidable. Il faut considérer cependant notre origine infinie et les périodes divines alternant avec les périodes planétaires. Nous avons fait, antérieurement à l'heure où nous sommes nés, une série indéfinie de créations de moins en moins imparfaites. Notre puissance propre, jugée avec l'idée illusoire d'un commencement en cette vie, ne paraît pas tout d'abord capable de composer rien de rare ni de supérieur. Cependant, à prendre seulement ce que nous pouvons faire en notre existence terrestre, n'est-il pas impossible de se l'expliquer chez des êtres récemment tirés d'un absurde *néant?* Des philosophes ayant pleine conscience de cette impossibilité, ont refusé de croire l'homme capable d'inventer ses langages, ils ont dès lors supposé une intervention du Dieu infini, personnalisé par eux, une révélation directe de l'Infini à l'homme des temps primitifs de la planète, lui donnant une langue première toute formée. Mais ils n'ont pas vu la même difficulté renaître s'il s'agit des autres inventions humaines, de ces inventions que nous voyons fréquentes, surgir actuellement, comme il s'en est produit dans les temps les plus reculés, tout aussi peu compatibles avec une telle *nouveauté* des inventeurs. Faut-il aussi les attribuer directement à l'Être infini ? Le dieu inventeur du langage et de tous les arts humains, c'est l'homme, ou pour mieux dire, les hommes, dont les actions créatrices se sont complétées de siècle en siècle, par additions successives des nouveaux venus, et par la collaboration de tous avec la nature, c'est-à-dire surtout avec l'âme créatrice qui les a évoqués en elle, et qui possède, a possédé et possédera l'univers où nous respirons.

CHAPITRE VII

J'ai dit : *La création à faire dans le royaume atomique de l'âme n'est pas* DE TOTALITÉ. *Elle n'est que la suite des créations précédemment accomplies entre les morts et les réincarnations successives. Elle consistera à produire des formes supérieures par transformation des formes déjà créées, suivant les souvenirs absolus acquis dans la dernière existence et plus ou moins heureusement élevés en conception d'archétypes.*

Il en est ainsi des âmes ou puissances innombrables que notre âme comprend ou contient en elle suivant une série indéfinie, d'infiniment petits en infiniment petits (IX).

La puissance d'une âme humaine étant ce que l'observation nous la fait connaître en notre existence terrestre, la création d'emblée d'un être humain, ou simplement d'un animal quelque peu supérieur, rien qu'avec des atomes et même des corps tout formés, et avec la domination des forces rythmées de tout un monde, dépasse de beaucoup, sans doute, ce qui est possible à cette âme.

Aussi n'est-ce pas ainsi qu'une création doit se faire.

Y faudrait-il la science d'un grand anatomiste ? Encore combien de lacunes graves dans cette science !

Y faudrait-il le génie d'un grand mécanicien, d'un grand physiologiste et le talent d'un grand sculpteur ?

Bien peu d'êtres terrestres emportent dans la mort tant de science et de talent.

Les talents et les sciences n'ont d'application et de raison d'être que dans la vie planétaire. Leur influence dans l'acte de création est d'un ordre tout particulier dont l'étude peut être faite, mais cette étude subtile et délicate n'apporterait aucune clarté à notre exposition.

Il sera plus facile et plus bref d'analyser les exemples suivants.

Dans un monde où il existe déjà des insectes, un créateur en peut faire de nouveaux sans grands efforts et sans immense génie, en variant leurs formes et leurs couleurs. Il en est de même de tout le règne végétal.

Si une âme a été un peu surélevée par la vie dans une nature nécessairement supérieure à ce qu'elle connaissait antérieurement, elle mettra, dans ces variétés nouvelles, un peu plus de beauté qu'elle n'en avait pu réaliser lors de sa dernière période divine. C'est à proprement parler *créer*, et c'est dans cette acception seulement que le mot *créer* a un sens.

Lorsque, dans la nature, une supériorité nouvelle d'organisation est introduite, elle l'est dans un mode très simple, aussi simple que possible. Le vertébré considéré comme le premier apparu sur la terre, l'amphyoxus, n'a presque pas de forme. Il suffit qu'en lui se soit montré l'axe nerveux rudimentaire qui marque la naissance d'une colonne vertébrale.

Pour ce qui est des formes supérieures, elles peuvent être adjointes à des êtres d'une création donnée, pourvu que les formes primitives de ces êtres n'en diffèrent pas extrêmement. A cette condition seulement, la forme supérieure peut être transmise par un mécanisme des moins compliqués effectuant le passage, en ce qui sera le système nerveux d'un germe naissant, d'un rythme représentant la forme nouvelle ; ce rythme élèvera d'un degré la forme déjà réalisée, à laquelle il ajoutera les proportions plus harmonieuses, les rapports supérieurs constituant un progrès vers la beauté.

Jamais une beauté ainsi ajoutée ne peut effacer complètement la forme primitive. Si, dans un germe de gorille, je transmets le rythme d'une statue de Phidias ou celui d'une forme humaine exquise, il n'en résultera rien ou presque rien, le rythme nouveau se déformant dans l'ancien ou plus exactement restant sans action appréciable.

Telles sont les conditions nécessaires dérivant de la nature des choses (VII).

Le fait de création ne peut y échapper plus que tout autre fait, et une âme, une puissance, un dieu ne peut jamais que le possible.

« Le monde réalisé est le meilleur des mondes possibles. « D'une vue pareille en d'autres modes est née cette admirable formule de Leibniz, si mal comprise encore et si légèrement critiquée (XIII). Dans le cas où, sur une planète, vivrait une race d'hommes déjà belle, un rythme, souvenir absolu d'une forme plus belle, conquise dans la vie, provenant soit d'une création supérieure vivante, soit de la conception supérieure d'un grand artiste, peut être transmis aux germes de cette race au moment de la formation des êtres qui la représentent. Ainsi et non autrement une race nouvelle et supérieure peut être créée.

Un être ne peut rien créer de supérieur à lui.

Une certaine économie existe nécessairement

dans ces relations. Nous ne pouvons naître que
dans un monde un peu supérieur à nous; et les
nouveaux rythmes acquis seront aptes non seulement à faire nos paradis, mais encore à surélever
d'un degré notre création atomique.

J'ai dit : *Ce qui se passe dans la série des infiniment petits se passe également dans la série
des infiniment grands. Cet univers, où nous avons
été évoqués, n'est donc qu'un atome d'un autre
univers réel. Celui-ci est d'une grandeur infinie
ou quasi-infinie par rapport à celle du nôtre. Il
est le domaine propre, le royaume d'une âme
comprenant toutes nos âmes, et qui a donné à
toutes choses ici-bas, c'est-à-dire dans tous les
mondes planétaires de notre univers, les formes
et les rythmes avec les lois d'évolution que nous
leur voyons.*

*Et il en est, et il en sera toujours ainsi d'infi-
niment grand en infiniment grand, jusqu'à l'infini absolu de l'espace situé à jamais.*

Tel est le dieu de notre univers, qui n'est

pas l'Être-infini-absolu souvent désigné sous le nom de Dieu dans le langage des hommes. Quelle que soit la grandeur que nous supposions à notre univers, son infinité n'est que relative. Quelle que soit l'étendue de l'espace peuplé de mondes, gouverné par l'âme souveraine dominant nos âmes et toutes les âmes incarnées en cet immense royaume, il n'est qu'un terme, au même titre que nous, de la série des êtres dans l'absolue-éternité.

Il est notre dieu le plus immédiat.

Il dépasse ces innombrables âmes évoquées dans sa création, des infiniment petits du degré immédiatement inférieur, de toute la hauteur de son degré de divinité, mais non davantage.

Notre destinée est de collaborer éternellement avec lui dans sa création.

Cette création n'est point parfaite. On comprend l'impossibilité d'une réalité exprimée par ces mots : *création parfaite.*

La perfection ne se trouve qu'à l'infini inaccessible.

Pouvons-nous espérer de parvenir un jour à égaler ce dieu, ou de nous élever à un degré de puissance et de perfection comparable au sien?

Cela ne paraît pas absolument impossible, du moins à un très petit nombre d'âmes de notre univers. Mais cela se peut seulement pour chacune de ces âmes, à la condition d'avoir parcouru, de monde planétaire en monde planétaire, toutes les incarnations possibles, à la condition, après un nombre démesuré d'existences accomplies, de s'être assimilé en quelque sorte tout l'ensemble des créations de cet univers ainsi parcouru dans toutes ses profondeurs. Nous passerions dans le degré supérieur de divinité par voie de génération en devenant les enfants de notre dieu durant la période d'existence où il mène sa vie parmi les êtres de son degré.

En étudiant cette possibilité, je ne prétends pas satisfaire à un désir même latent, et jusqu'à présent inconçu, des hommes de la terre. Elle résulte des données mêmes du problème et rien ne m'autorise à la repousser.

Quelles sont et quelles doivent être nos véritables relations avec ce dieu? Ce point très obscur devrait faire l'objet d'une étude spéciale. Nous entreprendrons peut-être un jour cette étude, et aussi bien traiterons-nous des conséquences qu'il importe d'en tirer.

Pour ce qui est du Dieu-infini-absolu nous n'en saurons jamais rien (X), puisque nous ne pouvons guère le définir ou plutôt le nommer que par des négations; et sitôt que nous essayons de saisir le moindre rapport entre ce que nous connaissons ou ce que nous pouvons imaginer et lui, nous tombons, dès la troisième parole, dans les ténèbres de l'esprit ou dans l'absurdité flagrante. Or c'est le comble de l'impiété que d'adorer l'absurde. Et cette impiété n'a d'excuse que dans l'inconscience de ceux qui la commettent.

Cependant il n'est pas inutile de construire des formules, non pour saisir cet insaisissable, mais pour le constater, en un langage dépourvu d'erreurs. Ces formules peuvent être de bons instruments, de bons talismans pour calmer nos

esprits au sujet de l'Inaccessible, et pour empêcher notre raison de s'égarer en des chemins
sans issue.

Je dirai donc seulement ceci :

Dieu est la cause unique, générale et substantielle de tout ce qui est.

Il nous apparaît, en abstraction, sous trois
aspects ou faces distinctes :

La Puissance ;

La Vie ;

La Perfection.

La Puissance, d'où tout naît perpétuellement,
et qui n'a jamais commencé d'être ; mais qui contient à l'état virtuel tout ce qui sera, à partir d'un
point arbitraire pris sur la ligne représentant la
durée. Elle occupe toute l'étendue, rien ne peut
être admis en dehors d'elle, sa façon d'être consciente et de créer perpétuellement, et dans un
instant éternel, toutes choses, échappe absolument
à notre entendement.

La Vie, ou l'évolution perpétuelle des êtres
dans l'infini de l'espace, depuis jamais jusqu'à

jamais. Nous sentons cette évolution en nous, nous la sentons dans les faits des êtres et des choses qui nous environnent. Entre deux points pris arbitrairement sur la ligne représentant la durée, elle existe à notre manière, c'est-à-dire sous la condition du temps. Elle accomplit, avec tous les êtres, l'œuvre générale manifestée par la progression perpétuelle d'harmonie et de beauté.

La Perfection ou l'Idéal, but de la vie, de toutes les existences, de toutes les créations, vers lequel se fait l'évolution, et qui procède de la vie et de la puissance. Cet Idéal s'est manifesté à jamais comme tendance, et ne se réalise qu'à jamais, c'est-à-dire que, dans le combat sans fin, il est la victoire toujours remportée et jamais définitive...

Si ce n'est dans la puissance totale permanente, dans l'infini éternel, par l'évolution nécessaire qui semblerait, en vertu des conditions d'espace et de temps contradictoires à son infinité, à son éternité absolue, si elle n'en était le mode phé-

noménal nécessaire, la condition de conscience,
de manifestation, d'apparition.

Donc, ces trois faces divines ne sont que trois
expressions d'une même entité, comprenant tous
les univers et toutes les entités divines, du même
être total, du même Dieu, qui est la cause unique,
générale, substantielle, absolue de *Tout ce qui
est, a été ou sera.*

CHAPITRE VIII

Ce qui a été dit dans les pages précédentes de la création considérée soit en nous, soit dans la nature, me dispense presque de faire ici la critique de l'idée de création telle qu'elle s'est formée flottante et confuse dans l'imagination des hommes. C'est en se mettant hors de toute donnée scientifique, de toute connaissance des possibles, qu'on a pu supposer une personnalité divine faisant tout de rien en une minute ou en six jours, ou même s'avisant, à un moment donné, de mettre un certain ordre dans le chaos primitif. La création est une fonction perpétuelle et constante en tous les points de l'univers. On peut la

considérer comme rythmique, c'est-à-dire s'exerçant par périodes, comme semblent s'exercer
tous les phénomènes d'ordre général.

Il est absurde de croire que *quelqu'un* peut
faire *quelque chose* de *rien*. Il n'est pas moins
absurde d'admettre que *rien* peut faire *quoique ce
soit* de *quelque chose*.

J'ai déterminé en d'autres écrits ce qu'il faut
entendre par le mot de fatalité et par celui de hasard.

Ces mots sont anciens et ont des équivalents
précis dans les langues vivantes ou mortes. Ils
ont un sens suffisamment fixé pour être utilement
employés dans le langage courant aussi bien que
dans les diverses littératures, parce que le sentiment humain perçoit assez clairement les idées
générales sans se préoccuper d'abord de les bien
délimiter; dès lors les expressions usuelles de
ces idées ne donnent lieu à aucune erreur dans
les propos familiers où concourent les relations
des choses de la vie, de la nature et même de la
pensée.

Le mot hasard notamment est exactement employé, même par les savants, les philosophes et les théologiens, quand ils ne font pas fonction spéciale de théologiens, de savants ou de philosophes.

Le mot fatalité s'emploie souvent en un sens, légèrement dérivé ou partitif, pour dire le *malheur inévitable*, et il est certain qu'il y a des malheurs inévitables ; mais on est toujours compris lorsque, dans une phrase, on donne à ce mot son véritable sens : c'était fatal, cela devait être, cela ne pouvait pas ne pas être. Roméo et Juliette se rencontrant une première fois, devaient être pris d'un violent amour l'un pour l'autre ; *c'était fatal*.

Les théologiens et les philosophes ont souvent tout gâté en supprimant le sens de certains mots, et du même coup certaines questions, faute de pouvoir ou de vouloir les résoudre.

Les uns ont déclaré les mots hasard et fatalité, hérétiques et schismatiques ; il n'y a, disent-ils, que la volonté de Dieu.

Plusieurs d'entre les autres déclarent soit le hasard seul, soit la fatalité seule, cause et principe de toutes choses.

Pour tous ces raisonneurs, dialecticiens et croyants, elle est nulle et non avenue la magnifique et féconde conquête métaphysique de l'humanité, concrétée en ces clairs symboles, les mots FATALITÉ, HASARD, CRÉATION.

Il n'était pas facile sans doute de bien délimiter ces choses, demeurées encore confuses dans les esprits, au moins pour une certaine zone de faits en eux-mêmes difficiles à différencier et à classer. L'idée que les anciens avaient du Destin manquait évidemment de précision. C'était comme une cause mystérieuse dans sa nature, inconditionnelle dans sa rigueur, inconnue, inexplicable des événements, surtout des événements humains.

En effet il n'y a pas longtemps qu'une délimitation exacte est devenue possible des faits attribués à la fatalité, à la création, au hasard ; et il y faut toutes les ressources de la science moderne, mises en œuvre en toute indépendance d'esprit, de même que le sens véritable du possible et de l'impossible est encore très rare parmi les hommes, et n'appartient qu'à un petit nombre d'intelligences bien armées de savoir, développées par le travail et suffisamment douées de génie.

Je nomme précisément *fatalité* ce point de vue des faits où nous apercevons que telles choses n'étaient possibles que comme elles sont. Le sens des fatalités est en quelque sorte l'âme même de la science.

C'est lui qui se développe en ses formules rigoureuses dans les sciences mathématiques et mécaniques, lesquelles conduisent et soutiennent toutes les autres.

Je nomme précisément *création* ce point de vue des faits où nous reconnaissons un ordre, une harmonie, une corrélation voulue et prévoyante dont les deux seuls modes sont la *Forme* ou figuration coordonnée et le *Rythme*, mieux nommé l'*Eurythmie*. Ces deux modes unis constituent l'évolution dans l'existence des êtres. Cette harmonie, cette eurythmie ne paraissent pas résulter essentiellement d'un état précédent des choses, ni des conditions données des milieux ; elles ne relèvent d'aucune géométrie, d'aucun algèbre, d'aucune mécanique, elles ne sont nullement conséquences d'autres choses qu'elles-mêmes. En tout ce qui leur appartient en propre, elles sont au contraire marquées de ce caractère de perpétuelle nouveauté et d'imprévu inexplicable qui n'appartient qu'à elles.

Les causes de toute création eurythmique ou morphique, je les nomme *êtres, puissances, âmes* ou *dieux*.

Je nomme précisément hasard ce point de vue des faits, où nous constatons l'absence de toute coordination, de toute harmonie, de toute direction d'une volonté, de toute volonté quelconque. La figure de ce rocher brisé par diverses causes successives mais non concertées entre elles ni voulues par personne, est un fait de hasard.

Lancée par un volcan, cette même pierre a blessé ou tué en tombant un animal ou un homme, c'est encore un fait de hasard, aucune conscience n'a coordonné les éléments du fait, bien qu'il soit composé d'un ensemble de fatalités prédéterminées. D'autres exemples ne sont pas nécessaires.

Il faut mentionner cependant les jeux où les conditions du hasard se rencontrent favorisées par divers dispositifs inventés et combinés volontairement par l'homme.

Les fatalités nouvelles que nous découvrons nous donnent parfois le sentiment d'inattendu, d'imprévu qui est le propre des faits de création ; cela tient à l'étonnement momentané qu'elles nous causent, le raisonnement et la théorie nous montrent toujours l'enchaînement des nécessités, d'évidences en évidences successivement dégagées, et notre surprise première disparaît lorsque nous avons ainsi pris possession des vérités scientifiques que notre âme a dû ainsi successivement créer pour les conquérir.

Les créations offrent toutes un côté de similitude entre elles si on les considère par ordres, groupes et séries diverses.

Elles s'enchaînent comme les conséquences d'un principe antérieur, mais un examen plus attentif des faits nous montre que ce n'est là qu'une apparence ou tout au moins qu'une des conditions de moindre importance dans ces mêmes faits. Cette apparence tient à une nécessité générale en vertu de laquelle un fait de création nouveau ne se développe que parmi un ensemble antérieurement réalisé de manifestations rythmiques ou morphiques d'un certain degré. Il ne se montre d'abord pas toujours avec les caractères éclatants dont il sera plus tard marqué. Cela se dissimule, ne semble rien autre chose qu'un détail sans importance et comme un essai timide et prudent.

Je dirai en termes abstraits et symbolitiques :

La fatalité procède par conséquences, déductions, analyses.

La création procède par inventions, sélections, synthèses.

Le hasard procède par perturbations, destructions, disséminations.

La fatalité consiste en ce que tout ce qui arrive en un monde, dans une de ses périodes, ne saurait être qu'un cas particulier ou une série de cas particuliers des possibilités générales. Ces possibilités sont la fatalité même dominant toutes choses dans tous les mondes, inviolable à toutes les puissances, à tous les dieux ; mais peut-on prendre cette fatalité pour un pouvoir créateur ? Sans le possible rien n'a lieu ; mais le possible tout seul ne fait rien ; un dieu n'a pu le décréter. Tous les dieux, quelque soit leur degré de hauteur divine, ne peuvent rien changer à cette condition permanente de toute création ; mais leur liberté ni celle des hommes n'en est nullement empêchée, bien au contraire, et l'antagonisme que des logiciens superficiels ont cru exister entre la fatalité et la liberté des êtres n'existe en aucun sens. En limitant l'action des êtres conscients, la fatalité donne à la volonté les points de détermination sans lesquels aucune liberté ne serait concevable. On peut même dire que pour qu'une liberté se manifeste (ou une puissance créatrice, car c'est tout un) les possibles absolus de la fatalité ne suffisent pas, il faut que des créations précédentes, réalisant une partie de ces possibles, offrent de nouveaux et multiples points de délimitation, des obstacles, des points d'appui, des résistances de toutes sortes.

Plus aberrante encore est la croyance que le hasard peut être la source de la moindre des créations. Elle n'a pu naître que de certains abus de langage et d'erreurs singulières de calculs, peut-être encore de certains partis pris de vaniteux et de sectaires ; les sectaires, dont je parle, se préoccupant moins de découvrir la vérité que de combattre de prétendues erreurs néfastes professées par d'autres sectes ennemies.

Les seules causes de création sont les êtres, âmes, puissances ou dieux, et tous les êtres sont des causes de création ; c'est en cela seulement qu'ils sont des êtres ou des puissances qu'on peut les nommer les âmes ou les dieux.

Il est temps de donner ici les caractères communs propres à ces causes de création, de même nature, bien que désignées par des noms différents.

Le pouvoir de sentir et de sentir à la fois des impressions diverses, de comparer, de juger ces impressions, donc de nier et d'affirmer, d'oublier volontairement, de comprendre, d'analyser et de synthétiser, d'abstraire, de généraliser, de classer ;

Le pouvoir de créer des rythmes et des formes, de les combiner, même en évolutions ;

Le pouvoir de préférer, de choisir, de s'abstenir, d'agir, de gouverner les forces, et, par les forces disponibles, de mettre en mouvement une quantité donnée d'éléments matériels ;

Une tendance plus ou moins vive vers la possession de sensations, ou conceptions sensorielles, de mieux en mieux groupées, disposées, ordonnées, vers ce qui est plus complexe et mieux unifié, vers les corrélations multiples des choses réalisant le grand mystère, l'éternel mystère de la beauté.

Les seules conditions différenciatrices des êtres ou puissances — car, de nature identique, elles ne sont pas d'égale valeur individuelle — sont les suivantes :

La richesse des choses déjà acquises, la valeur des créations déjà faites, l'extension possible à un moment donné de leur action propre, l'éclat de leur rayonnement, la ferveur de leurs amours, enfin l'intensité de leur tendance vers le beau, vers la perfection inaccessible, vers l'idéal.

Ces caractères, ces éléments de différenciation n'appartiennent ni à la matière, ni aux forces, à aucun degré, et c'est par un acte de pure superstition scientifique injustifiée qu'on a pu leur en attribuer une partie.

La nàture ne fait point de saut, dit un vieil adage.

Cela n'est que partiellement vrai, et seulement à quelques points de vue. Cela est vrai peut-être en ce sens que les formes de la création sont reliées entre elles par de constantes analogies et peuvent toujours être disposées en séries du simple au complexe, de l'inférieur au supérieur, lors même que certains des termes de ces séries seraient séparés par de plus ou moins grands intervalles.

Mais, prise absolument, la formule est fausse pour ce qui regarde la création.

La nature ne procède que par bonds.

Il faut entendre ici par nature, terme de symbolisation abstraite, la puissance créatrice.

Le passage d'une forme donnée à une forme supérieure se fait toujours par un de ces bonds qu'il faudrait (par analogie avec ce que nous constatons directement chez l'homme) appeler un *trait de génie*.

Passer de l'insecte le plus élevé, du papillon le plus radieux, du mollusque le plus parfait, au vertébré le plus humble, c'est un trait de génie.

Passer du quadrumane à l'homme, c'est un trait de génie.

Pour les autres perfectionnements des formes déjà créées, on pourrait douter ; on pourrait les attribuer à d'heureuses rencontres fortuites, à des influences de milieux, que sais-je; mais ces traits de génie, ces bonds franchissant des abîmes, là est le sceau, la marque indéniable de la création.

Nous trouverons le même caractère de spontanéité supérieure et toute-puissante, si, au lieu de considérer les êtres dans leur ensemble réalisé, nous étudions l'apparition des organes divers des fonctions supérieures. Les particularisations successives du système nerveux chez les animaux et des appareils de la circulation, la formation d'abord rudimentaire des appareils auditifs, visuels, tactiles que la sériation montre en développement continu, enfin toutes les supériorisations accomplies par la concentration de plus en plus marquée des parties et la distinction de plus en plus accentuée des fonctions, tout cela se fait par actes en quelque sorte miraculeux, et pareils à ceux dont le génie humain est la cause efficiente.

En des conjectures (bien mal à propos qualifiées de théories) une secte de naturalistes a pensé saisir la raison des formes diverses des êtres terrestres, attribuant l'apparition des nouvelles à des modification survenues, on ne sait comment, dans les précédentes. Ces philosophes n'ont pas vu que transformer en supériorisant c'est créer au premier chef, et qu'une telle transformation ne peut être attribuée qu'à une puissance tout au moins supérieure à ce qui subit la transformation.

Je ne discuterai pas ici tous les arguments, toutes les explications de l'école. Le probable s'y rencontre à côté de l'impossible, et le vrai partiel s'y mêle à l'absurde sans cesse et à tout venant. La sélection par prédominance de la force ou de la ruse (laquelle sélection en fait ne s'exerce point comme on le dit), aussi bien que la prétendue sélection par attrait sexuel, aurait tout au plus pour résultat final la destruction des types déformés ou pathologiques et le retour à la forme pure, primitive, aussi semblable à son archétype que le peuvent comporter les conditions préétablies du milieu.

Les variétés dans les espèces sont toutes contenues dans le rythme fixé représentant la forme à l'état virtuel ; elles se manifestent dès que des circonstances favorables à telle ou telle modification viennent à se réaliser.

Les variétés de couleurs sont elles-mêmes assez limitées dans une espèce, celles des formes le sont beaucoup plus.

Une variété accidentelle peut, en certains cas, devenir permanente et fournir l'apparence d'une espèce de nouvelle formation. Le retour au type antérieur est toujours possible. Il a été plusieurs fois constaté. Deux espèces peuvent (à la condition d'être très voisines) se combiner et donner lieu à une espèce prenant, en dépit de son origine mixte, une permanence comparable à celle des espèces ancestrales. C'est ainsi que se forment parfois des *races*.

Tout cela prouve-t-il quelque chose contre l'idée de création telle que je viens de l'exposer ?

Tout au contraire, si on examine l'ensemble des séries diverses animales ou végétales, on y sent à chaque pas la nécessité d'une intervention supérieure.

Cette intervention serait-elle de simple apparence, et peut-on voir dans l'âme gouvernant une forme organisée le principe d'un développement suffisant pour passer d'un état donné à un état supérieur d'espèces.

On ne peut concevoir qu'une espèce arrivée à son plus haut degré de perfection et à sa plus grande beauté, renonce aux avantages acquis, se replie sur elle-même en détruisant tout ce qui la caractérise, et rétrocède vers l'odieuse simplicité d'un être infime et informe commençant une nouvelle série, cette nouvelle série étant susceptible d'un plus grand développement à venir. On reconnaît là comme le signe d'une puissance supérieure, d'une prévoyance distincte de l'espèce, de l'individu ; on y voit la marque d'une providence dominant des groupes et des successions de rapports d'une immense complexité.

Cela tend à confirmer cette vue des existences déterminées dans un univers par cette double action : les âmes évoquées d'en bas, prenant possession d'organismes constitués, suivant les conditions préétablies des milieux, par la volonté personnelle d'une âme souveraine et créatrice dominant cet univers.

Parmi les sectaires de la libre-pensée et de la pensée-soumise, les premiers ont cru remporter sur les autres une éclatante victoire en proclamant le singe anthropomorphe comme ancêtre plus ou moins direct de l'homme. Les autres ne doutent point d'écraser leurs adversaires sous le mépris de leur revendication sentimentale ; et leur principal, leur seul argument est le dégoût profond que doit *éprouver* toute personne bien née à cette étrange allégation qu'elle descendrait d'un singe, et, en remontant d'âge en âge vers les origines, de bien moins noble que cela.

Je ne cherche que le vrai, et à défaut du vrai difficile à atteindre, je puis me contenter d'une probabilité nous maintenant du moins sur le chemin du vrai.

Je l'ai, je crois, démontré, lors même que le

fait (absolument douteux, sinon tout à fait impro-
bable) de ce commencement de l'espèce humaine
serait avéré, démontré, évident, on n'en peut
rien déduire de contraire à la nécessité d'une
action créatrice supérieure.

Je dirai même : le mode par lequel ces créations par supériorisation des espèces ont pu
s'effectuer est des plus faciles à imaginer et à
comprendre.

Une âme, par son degré d'élévation pouvant
déjà être appelée humaine, prend possession
d'une première cellule dans l'organisme d'un
être simiesque (très supérieur en son genre si
l'on veut); là, il reçoit par un seul point de contact le rythme transmis d'une forme déjà humaine
par ses caractères généraux. Mettons-y le temps,
si vous voulez, des milliers de siècles, et répé-
tons cette opération si simple pendant un certain
nombre de générations, et nous obtenons une
espèce humaine peu inférieure à celle que nous
observons aujourd'hui et assez peu différente
surtout des bas degrés de notre humanité ter-

restre. — Tel que nous pouvons l'observer, un fœtus humain pourrait peut-être accomplir une partie de sa vie que nous nommons intra-utérine, dans la poche marsupiale; pourquoi la première âme, digne d'être humaine, n'aurait-elle pas pris pied sur la planète dans l'ovule d'une chimpanzée ?

L'œuf ne fait point la poule et ne l'a point précédée, la poule ne fait point l'œuf d'elle-même et par son propre pouvoir. Mais la poule capable de pondre et l'œuf qu'elle pondra, tout cela peut être représenté par une succession rythmique et cette succession rythmique étant communiquée à la moindre particule déjà organisée dans un milieu organique favorable, il peut en résulter la réalisation terrestre soit de la poule, soit du coq, et des œufs plus tard fécondés assurent la pérennité planétaire de l'espèce.

On l'a dit assez plaisamment :

L'important n'est point de savoir si nous venons ainsi du singe, c'est d'être assez certains de ne point y retourner.

Il n'y a de ce côté rien à craindre, malgré certaines apparences vraiment inquiétantes, ce qui est acquis est acquis pour toujours. Le développement, la marche vers l'idéal infini peut être retardée chez certains êtres. Mais rétrograder vers l'état de précédente infériorité, est impossible. L'esprit en son attentive sévérité ne saurait se représenter par aucun mécanisme un si extraordinaire recul.

Je n'ai pas traité dans son entier la question posée en tête de ce chapitre. Elle exigerait d'immenses développements. Il faut se limiter cependant, sous peine de produire plus de confusion que de clarté. Il faut laisser de côté plusieurs points de vue du sujet et non des moins importants. En finissant cette étude, je dois pourtant tracer, comme je le conçois, le dessin général de la création.

Le sujet ne peut être aisément embrassé dans son entier ; on ne le peut saisir que par certaines projections sur un plan prédéterminé par un artifice de l'esprit, on ne le peut voir que sous certains angles visuels ; et le lecteur, pour bien concevoir l'ensemble de nos hypothèses, devra les reprendre en modes variés de présentation, les projeter sur d'autres plans, les considérer en des perspectives différentes.

A cause de telles difficultés, j'ai surtout insisté sur l'élimination à faire de ce qui n'appartient pas à la création, sur ce que j'ai attribué par abstraction symbolique à la nécessité ou fatalité et au hasard.

Admirer ce que l'on nomme communément la création, en confondant en ce mot tout ce que nos sens peuvent percevoir, est une fonction déclamatoire et littéraire assez facile.

Essayer de dégager, en le surprenant, l'acte créateur, pour s'élever à l'idée de la cause créatrice, de voir la création dans ses conditions véritables, tenter même de mesurer la grandeur de l'effort nécessaire pour qu'un fait particulier de création s'accomplisse, tout cela était une tâche autrement ardue, difficile et délicate. Présentée en de tels termes, je n'aurais jamais osé l'entreprendre, si les solutions ne s'étaient imposées par degrés à mon entendement.

Quel est le fait de création le plus grandiose, le plus étonnant, le plus *miraculeux* que nous puissions connaître ? Je l'ai presque dit, c'est le passage de la forme simiesque à la forme humaine.

Qu'importe qu'il ait eu lieu dans les régions pures des archétypes ou dans les profondeurs organiques d'une inconsciente animalité. Cette assertion ne saurait être démontrée par des formules mathématiques ; mais le sentiment intellectuel de l'homme en présence des choses est un réactif qu'il ne faut pas dédaigner. Si je demande aux plus clairvoyants, aux mieux doués d'intelligence et de génie : « Pensez-vous qu'il y ait eu sur la terre une âme assez puissante pour inventer la forme humaine, étant donnée la forme préalable de tous les singes ? » Tous me répondront non.

Ce que le plus beau génie humain ne saurait faire peut-il être attribué à l'âme d'un gorille ou à celle d'une guenon ? Peut-on croire à une telle exaltation de divinité chez un être dont la puissance inventive est à peine perceptible en ses manifestations élémentaires ? Que signifie donc le transformisme des disciples outrepassants du prudent et modéré Darwin ?

Faire passer la forme du singe à la forme de l'homme, c'est autrement plus extraordinaire que de créer ce que les anciens appelaient le ciel et la terre. Un disque d'argile où un enfant pétrit des montagnes et trace des fleuves, où il peut même faire couler de l'eau qui suivra fatalement les pentes vers des bas-fonds où se formeront de petites mers ; voilà une terre primitive à peu près acceptable. Un globe ou un demi-globe de verre bleu percé de trous ou semé çà et là de parcelles brillantes de mica ou d'or. Voilà un ciel très comparable à l'autre. Mais demandez à l'enfant qui a modelé cette terre, au verrier primitif qui a fondu ce ciel, de faire une chose comparable à l'aile d'un oiseau ou à l'œil d'un insecte (je ne parle pas de copier cette aile

ou cet œil, ce qui est déjà difficile, mais de les
inventer).

Les inventions humaines trouvées aussi par
des traits de génie sont absolument comparables
à celles que nous voyons réalisées dans la nature
vivante. Elles sont divines aussi : mais la création anthropomorphique est au-dessus de toutes.
Même, je ne suis pas bien certain qu'on la puisse
attribuer, sans meilleures informations, à l'âme
souveraine qui a créé, qui crée et qui créera
notre univers. Elle peut être venue de plus haut
qu'elle, de même que sans l'avoir créée nous la
ferons descendre (nous l'avons déjà, peut-être,
fait descendre) dans l'univers atomique où nous
régnerons après la mort.

Ainsi la création nouvelle et rare qui jaillit
d'une âme d'en haut se transmet d'infiniment
petit en infiniment petit dans les univers inférieurs indéfiniment sériés.

Faire des choses nouvelles, inouïes et vraiment divines, est difficile même à tous les dieux ;
et lorsque de telles choses sont conçues et

accomplies par un dieu, il faut que leur conservation et leur propagation soient assurées
dans la série des univers. Chaque âme a cependant son originalité propre ; elle a aussi ses traits
de génie de plus ou moins grande valeur ;
elle donne à tout ce qu'elle forme, comme à
ce qu'elle transmet simplement, quelque chose
de spécial d'où résulte la variété indéfinie des
choses. De là vient la nécessité de la mise en
rapport mutuel d'un grand nombre de puissances (âmes ou dieux), réalisée dans les existences planétaires dont la vie terrestre et humaine
est un cas particulier.

Je crois en avoir assez dit sur la façon dont
une création peut s'opérer en ses actes les plus
élevés ; l'ordre zoologique en présente une foule
d'exemples, le règne végétal, à ce point de vue,
ne peut lui être comparé. Rien n'est facile
comme de concevoir comment les formes des
plantes ont pu être inventées. Rien n'est plus
simple que d'en inventer de nouvelles en partant de figures géométriques, de symétries mé-

diocrement complexes, à plus forte raison des formes déjà réalisées. Il en est de même du règne des cristaux et des combinaisons moléculaires.

Par ces dernières, toutes les créations ont commencé. Elles ont dû toutes se ressembler à cause des nécessités géométriques communes aux arrangements simples.

Une question se présente ici. — Quelle est la plus simple des formes que l'on peut remarquer dans la série des choses créées ? On doit la rencontrer dans tous les points de l'univers et de tous les univers. C'est la forme globaire ou sphérique.

Exemples : la bulle d'air;

La goutte d'eau;

La bulle de savon;

Les corps célestes;

La cellule vivante primitive.

Dans l'enseignement des sciences tel qu'il est partout exercé de notre temps, cette question de la formation globaire est donnée pour tellement simple qu'on s'y arrête à peine.

Les molécules d'un fluide étant de tous côtés libres de leurs mouvements, une aggrégation quelconque de ces molécules prendra *naturellement*, dit-on, la figure sphérique. Un centre s'y déterminera *nécessairement* et le poids égal des molécules les disposera en équilibre instable autour de ce centre à nombre sensiblement égal par rayon, sauf arrangements faciles à concevoir (?) pour remplir les espaces angulaires. Enfin, toutes celles de la surface ne pourront se trouver qu'à distance égale ou à peu près égale du centre.

De telles explications n'expliquent absolument rien. Il y faut la gravitation newtonienne.

Soit. Chaque fois qu'une sphère se forme, c'est que *là même* se produit ou se manifeste un cas particulier de la gravitation.

Mais qu'est-ce que la gravitation ?

On l'a nommée trop souvent *attraction universelle*, malgré Leibniz, malgré Newton lui-même.

Les auteurs les plus autorisés parlent avec une

légèreté incroyable de cette « attraction » ; et si on se risque à leur faire entendre quelques mots de critique sur cette expression, on voit leur front se rembrunir un instant, et ils répondent invariablement ceci : « Le fait des corps qui tombent les uns vers les autres est de toute évidence, l'universalité de ce fait ne l'est pas moins; l'intensité de ces chutes est bien réellement en raison inverse du carré de la distance et en raison directe de la masse; et le choix des mots par lesquels on désigne ce fait général importe en réalité très peu. »

Il importe extrêmement. Les mots qu'on charge de dire autre chose que ce qu'ils doivent dire, deviennent traîtres et félons, ils altèrent la pensée comme un poison subtil; et leur passage dans les esprits y sème parfois d'inconcevables erreurs. Je détache d'un livre récent, soumis par son auteur (lui-même très instruit) au jugement préalable de plusieurs savants renommés, le passage suivant :

« L'existence de la force est hypothétique.

Au moyen âge on admettait le principe : *Corpora non agunt ubi non sunt.* Plus récemment, Newton écrivait au Dr Bentley la phrase suivante :

« Il est insoutenable que la matière inerte « puisse exercer une action autrement que par « le contact, que la pesanteur soit une qualité « innée, inhérente, essentielle aux corps, qui « leur permette d'agir les uns sur les autres, au « loin à travers le vide, sans qu'un intermédiaire « quelconque serve à la transmission de cette « force. »

« Lesage admet que le mouvement d'une partie de matière provient toujours de celui d'une autre partie de matière ou d'éther en contact immédiat avec la matière mise en mouvement. Secchi ne reconnaît comme cause du mouvement que Dieu ou un autre pur esprit, ou le mouvement antérieur d'une autre partie de matière, et il explique l'attraction réciproque de deux molécules de matière par la variation de densité de l'éther autour d'elles, produite par leur double mouvement de translation ou de rotation. »

« Nous avons admis, au contraire, avec M. Hirn, que *la force a une existence objective* et nous avons pris comme point de départ la formule : *Omnia ubique semper agunt*, exactement contraire à l'ancien principe précité. »

Or, c'est là professer une singulière doctrine. Autant dire que *rien est quelque chose*, que *ce qui est n'est pas*, que *la partie est égale au tout ou plus grande que lui*, que *deux quantités égales à une troisième ne sont pas égales entre elles*, c'est proclamer l'absurde, c'est commettre la plus étrange faute contre la science et la raison.

Et vous osez rire de ceux qui prétendent que leur Dieu a tiré le monde du néant ! Vous allez aussi loin qu'eux dans le chemin de l'erreur, et sans que rien vous excuse.

Oh ! je sais que d'ingénieux calculateurs m'expliqueront pourquoi une goutte d'eau qui tombe, ou mieux une bulle de savon flottant dans l'atmosphère réalise la forme sphérique non réalisée par une poignée de sable jetée en l'air ou tombant de la nacelle d'un aérostat. Les circonstances ne sont pas les mêmes. Et j'accorde volontiers que l'idée de la gravitation introduite dans la formule expliquera suffisamment la formation des globes dont il est question.

Mais en quoi consiste précisément cette gravitation sans contredit fréquente et importante dans l'univers ?

Elle consiste en une convergence régulière de forces dont les directions tendent toutes vers un même centre.

En fait, ces cas de convergence sphérique se manifestent à l'occasion d'un corps et autour de lui pris comme centre, que ce corps soit un soleil ou un groupe moléculaire.

Il en est de même des arrangements plus complexes de molécules constituant les corps composés et les formes géométriques des cristaux qui résultent de ces arrangements.

Dans ces divers cas, l'activité formant la sphère vient du milieu ambiant.

Ce milieu, dans l'ordre de faits qui nous occupe, est précisément l'éther, et l'éther est sans
cesse en mouvement.

C'est dans l'éther en continuel mouvement
que nous trouvons la manifestation la plus loin-
taine et la plus simple de la force. Car ses directions rectilignes observées par nous sont des
résultantes et de multiples dérivations de cet
état primordial de la force.

Donc, à la base de notre univers, et comme
formes initiales des phénomènes de création que
nous y pouvons observer, nous trouvons :

L'éther, lui-même composé de molécules ou
d'atomes d'un ordre de grandeur différent de
celui des atomes que j'appellerai nos atomes.

L'esprit ne peut se soustraire à la nécessité de
considérer cet éther comme formé de ces atomes
propres se mouvant dans un autre éther également formé d'atomes d'un ordre différent, et
ainsi de suite en une série indéfinie.

Les atomes, dont les seules propriétés *relatives à notre univers* sont la masse et l'inertie,

même en les supposant très différents les uns des autres, peuvent être considérés comme fonctionnellement égaux.

Encore ne peuvent-ils manifester ces caractères qu'à la condition d'un premier groupement moléculaire.

En effet, ce n'est que groupés et gravitants, et groupés en arrangements déjà différenciés, qu'ils peuvent constituer des résistances sensibles à des chocs plus ou moins intenses, médiats ou immédiats.

Dès lors, comment peuvent se former les sphères primordiales de gravitation ?

Il faut les supposer comme causes des premiers groupements moléculaires, s'élevant — non immédiatement peut-être — mais par plusieurs degrés, à ce que nous appelons les atomes des corps simples, ceux que la chimie actuelle désigne comme éléments constitutifs de la matière structurée, dont on admet (pour le moment) soixante-dix-sept espèces différentes.

Soit que l'on considère les rythmes de l'éther

comme dépendant des structures moléculaires et prenant leur origine en ces structures même, en des circonstances créant les conditions de température, de dilatation, de lumière, d'actions rayonnantes diverses, soit qu'on les regarde comme des effets de causes encore non étudiées, inconnues et même non encore supposées, on ne saurait, en l'absence de toute indication fournie soit par les faits d'observation, soit par le calcul, les attribuer à une action incompréhensible des atomes. Ce serait reculer, en présence de multiples difficultés, l'édification d'une théorie rationnelle. Ces rythmes, appelés communément les forces physiques, se rattachent tous à une seule *entité, la force*.

Je ne comprends pas bien ce que certains auteurs veulent dire lorsqu'ils prétendent admettre *l'objectivité des forces ou de la Force*.

L'idée de force est, comme toutes les idées générales, une abstraction de l'esprit; mais si je vois un corps en mouvement décrire dans l'air sa trajectoire, la cause de ce fait (la force) est bien

— non pas un objet — mais un élément de la réalité. A ce titre, mais à ce titre seulement, elle a bien une existence *objective*.

On ne connaît pas plus la force *en soi* que la matière *en soi*. Mais que valent ces expressions même de *choses connues en soi* ; comme si on connaissait rien de cette façon. Ce sont là formules de philosophes aberrants ou insuffisants, et n'ayant en soi, ou autrement, aucune valeur scientifique. Elles ne sont utiles pour rien exprimer ou déterminer.

Nous ne connaissons les êtres et les choses de notre univers que par leurs relations et leurs réactions réciproques, et par les effets déterminés en notre âme par leur mise en rapport, toujours médiate, avec elle. C'est ce qu'on peut appeler *connaître*. La matière et la force ne sont pas connues, mais constatées. L'espace et le temps ne sont pas connus, et sont inconcevables, abstraction faite des phénomènes, et ne sont mesurés qu'en fonction l'un de l'autre ou de certaines autres conditions également relevées dans les faits réels. — Quant aux rythmes et aux formes, ils sont essentiellement connus, et peuvent être toujours mesurés, déterminés et représentés ; et même c'est par eux seuls que nous arrivons à nous faire des idées justes de ce que nous pouvons connaître, et à constater puis à noter, par les signes du langage, ce dont nous ne pouvons avoir aucune notion directe à l'aide de nos facultés sensorielles.

L'éther, très bien nommé par Descartes la matière subtile, les atomes infiniment petits mais étendus, les rythmes dynamiques, tels sont les premiers éléments constitutifs de notre univers et de tous les univers.

Telles sont les manifestations primordiales d'une puissance ou âme gouvernant un univers ou animant un organisme quelconque.

J'espère pouvoir démontrer bientôt que la gravitation tient au concours de deux conditions distinctes : 1° un élément rythmique localisé en tous les points de l'éther et par conséquent de l'espace qu'il remplit, répandu partout et dirigé dans tous les sens; 2° un rayonnement dynamique partant des corps ou des centres de gravité de ces corps, et dont l'effet est d'orienter cet élément rythmique, le disposant ainsi en sphères concentriques de convergence[1]. On peut entrevoir, à partir de ce point, que tout ce qu'on nomme le monde physique peut dépendre directement d'un certain nombre de rythmes différents, créations primordiales dans l'éther.

Au-dessus de ces premières assises, pour parler au figuré, se développe le monde moléculaire en ses *arrangements innombrables*. Ces arrangements se font tous conformément aux lois des possibles, cela va sans dire sous peine d'absurdité. Mais les possibles seuls, ou les lois qui en sont l'expression, suffisent-ils à les expliquer? Non sans doute. Quatre atomes *peuvent être disposés* tétraédriquement pour former la molécule d'un

---

[1] Je n'ai donné là que les traits essentiels d'une théorie dont la discussion ne peut ici prendre place, et dont le développement n'est pas indispensable à la série de conceptions et d'études constituant le présent livre.

J'en dirai autant de ce qui suit sur la formation du monde moléculaire et des corps de notre univers.

corps — de ceux qu'on nomme encore simples
— et ce fait *peut* se renouveler un nombre immense de fois; mais il faut, pour le comprendre,
faire intervenir une cause ou des causes spéciales.

La théorie doit donc admettre un rythme tétra-
atomique, ou plutôt un entrecroisement d'ondes
rythmiques capable de grouper en limites de té-
traèdre quatre des derniers éléments matériels de
notre univers. Cet ensemble rythmique, pour cela,
doit occuper l'espace, et s'y propager comme
mouvements de certains éléments de l'éther; son
rôle est de former, de ces quatre atomes, l'arrangement constituant la molécule en question,
et de maintenir cet arrangement. Il faut pour
que le fait s'accomplisse, certaines conditions
de température, par conséquent de tension, de
distances inter-atomiques ou autres.

Dans l'étude de ces faits, je partage — et cela
est très naturel — la tendance générale à y voir
des résultats de nécessités ou de fatalités antérieures. Cependant je ne puis par aucun raison-

nement, par aucune construction géométrique, par aucune conception mécanique faire naître l'eurythmie du mouvement confus, ni la figuration symétrique ou régulière de ce qui n'aurait d'abord ni rythme ni figure régulière. Il faut donc ici faire intervenir—dans le mode le plus simple en apparence, mais très complexe si on considère le résultat final—une cause : puissance, âme ou dieu. Cela est peu conforme à notre manière habituelle de penser et aux idées qui ont cours de notre temps parmi les savants. Est-ce une raison pour nous refuser à ce qui s'impose impérieusement à notre entendement et presque en manière d'évidence absolue ?

Est-ce par le rythme ou par la forme que la création commence — j'entends ici le cas particulier de la création d'un univers — est-ce par un fait comprenant à la fois l'un et l'autre de ces modes ?

L'atome est donné avec son mouvement. Les atomes sont groupés, les mouvements sont rythmés par l'âme souveraine de l'univers en cause, mais un premier arrangement étant réalisé, avec un certain rythme, il s'agit de multiplier en des nombres incommensurables ce fait initial. Cela ne peut se faire, je l'ai presque dit, que par une combinaison de rythmes dans les milieux éthérés, analogue à ce qu'on nomme en physique les lignes nodales. Ainsi certains groupes atomiques reçoivent, et se transmettent de proche en proche en divers sens, les arrangements produits, et les peuvent conserver très longtemps.

Cela paraît de toute nécessité, pour que la création d'un univers par une âme souveraine puisse s'effectuer et se développer ultérieurement.

Les éléments organiques vivants sont des êtres particuliers, ils ont chacun une âme à destinée spéciale, et les formes simples des organismes qui les constituent sont également formées par des rythmes créés ou transmis. Ces âmes organiques sont extrêmement simples relativement aux âmes zoologiques et surtout aux âmes humaines.

N'est-il pas admissible qu'un univers soit constitué suivant le plan général des organismes vivants. N'est-il pas lui-même comme un organisme vivant comprenant tous les autres. L'analogie ne saurait ici être méconnue ou contestée.

Ce commencement de l'univers, puis-je le donner autrement que comme symbolique ? Un univers commence-t-il ? S'il commence, doit-il finir ? S'il commence et s'il finit après avoir duré une éternité relative ou un nombre immense de telles éternités, c'est comme terme de série, comme élément du rythme éternel. Il ne commence qu'après l'accomplissement d'un terme précédent; « s'il finit, il recommence. » Cette idée est de Charles Cros, je l'avais d'abord rejetée et combattue, appliquée alors par son auteur à l'Univers total, infini et indistinct ; j'en trouve ici une application justifiée. Elle me paraît représenter une face de la réalité générale des choses et concorde parfaitement avec les autres éléments de cet ensemble d'hypothèses dont j'expose ici le développement.

Je reviens aux créations moléculaires ou rythmiques du *commencement*. D'autres créations moléculaires et rythmiques se forment, plus complexes que les premières. De là, naissent les gravitations interatomiques et intermoléculaires que la plupart des savants de notre siècle comparent aux gravitations astrales. De là naissent la cohésion et l'affinité, formes spéciales de ces gravitations auxquelles il faut bien appliquer ce que nous avons dit des formations primordiales.

Tout ce monde n'est visible qu'aux yeux de l'esprit ; mais le calcul peut en déterminer de nombreuses particularités en partant de ce qui se manifeste directement à nos sens par les propriétés spéciales des corps et par les figurations géométriques des cristaux. Et les instruments du savoir humain sont déjà si puissants et si admirables — mathématique, dynamique, langage, appareils d'expérimentation, etc. — qu'il est possible de soupçonner le nombre de telles molécules dans une mesure cubique d'un corps, d'évaluer par approximation leur volume, de mesurer au moins par maxima ou minima les intervalles qui les séparent, de déterminer leur poids avec une exactitude probable.

Passons aux premières manifestations de la création organique. Un immense abîme, quoi qu'on dise, sépare ce monde vivant du monde anorganique.

Quelques biologistes — c'est le titre qu'ils prennent — pensent avoir surpris le passage d'un règne à l'autre dans la structure peu structurée des corps appelés amorphes ou colloïdes. Mais ces corps, en grand nombre dans les organismes réalisés, beaucoup moins nombreux en dehors des provenances organiques, indiquent la nécessité d'une sorte de destruction, de corruption, des corps cristallisés, des corps du règne anorganique, effaçant en quelque sorte les formes apparentes propres à ce règne, pour que les germes des êtres organiques puissent les faire servir à la composition de leurs premières cellules, et ainsi commencer la vie à la surface d'un globe planétaire.

On voit là une condition nécessaire, mais non la cause du passage d'un premier ordre de création à un autre.

Laissons le protoplasma, si cher à certaines écoles, mais si environné d'incertitudes, ce protoplasma dont on ne connaît pas l'origine, qu'on n'a jamais vu se *transformer* en rien, ou plus exactement prendre une forme, qui peut être un résultat ou un résidu de la vie au lieu d'en être l'origine ou le commencement.

La manifestation première (c'est-à-dire la plus simple) de la vie sera la cellule organique à enveloppe membraneuse, de forme sphéroïdale, contenant un liquide et des granulations ou un noyau solide, ayant déjà les premiers caractères de la vie, l'absorption et le rejet, double fonction différant des phénomènes d'endosmose et d'exosmose, mais pouvant leur être aisément assimilée, manifestant des mouvements qu'on peut croire spontanés, enfin, ce qui ne soulève plus de doute, ayant la propriété de se reproduire, de donner naissance à d'autres cellules pareilles, ce qui sup-

pose des conditions mécaniques et endo-mor-
phiques très complexes, malgré l'apparente simplicité.

En un tel fait on voit le trait de génie de là
puissance ou âme créatrice.

Aucun de ces caractères ne se trouve dans la
bulle d'air ni dans la goutte d'eau. Et le cristal
le plus complexe, le concours moléculaire le plus
remarquablement structuré sont très loin de représenter rien de pareil.

Le grand fait de la reproduction ou prolifica-
tion nous met en présence de la nécessité des
séries, d'infiniment petit en infiniment petit, et,
bien que les yeux ni le microscope n'en fassent
rien connaître, de la spirale ou hélice logarythmique représentant cette nécessité. L'hélice ou
la spirale ou les courbes analogues, constituant l'organe essentiel des âmes, ont quelque
ressemblance avec les mouvements tourbil-
lonnants des corps célestes, analogiquement
rapprochés de ceux qu'on admet dans le monde
moléculaire ; mais les arrangements géomé-

triques des cristaux n'offrent aucune analogie avec ces tourbillons et ces hélices, et ne paraissent pas en dériver.

Le bond ou le *trait de génie* apparaît souvent dans les séries phytologique et zoologique. Il semble plus fréquent et plus nécessaire, tout au moins plus manifeste, à mesure qu'on s'élève aux degrés supérieurs.

En quoi consiste une telle fonction, si on peut ainsi parler ? Est-ce une manifestation instantanée plus intense que les autres de l'âme créatrice où jaillit comme un éclair la conception nouvelle ? Est-ce une mise en rapport avec un être, une puissance des plus hauts degrés de la série divine ?

Les hommes ont presque admis tour à tour l'une et l'autre de ces deux explications, la première exprimée par le mot *génie;* c'est celle-là que j'adopte comme la plus probable. Car si la puissance de créer est par nature ce qu'elle est, il est assez rationnel d'admettre qu'elle soit plus intense ou plus heureuse à un moment donné qu'à son ordinaire, certaines circonstances aidant ; le hasard, aveugle et sourd, peut même en cela quelquefois la servir.

La seconde est rappelée par le mot *inspiration*. Celle-ci prise comme théorie ne fait que déplacer la difficulté. Car, de degré en degré, ne pouvant nous arrêter à aucune hauteur, nous n'attribuerons le génie qu'à l'Éternel-Infini-Absolu, qui est tout à fait hors de portée à l'intelligence humaine.

Les dialecticiens ès théologie peuvent essayer en vain de faire de ceci un argument contre nos conceptions. Si nous parlons de l'Être inconditionnel, du *Souayambou*, nous n'en pouvons rien dire de vrai ni de sage. Si nous lui attribuons, comme dans le cas présent par hypothèse, un des modes de manifestation des âmes, nous sommes forcé de lui attribuer toutes choses et de considérer tout ce qui existe, comme dans une confusion totale, l'éternel instant, sans passé, sans présent, sans devenir ; dès lors le temps, l'espace, la force, la matière, les âmes individuelles, tout disparaît dans ce gouffre, et il ne nous reste plus que la stupeur de notre esprit, l'étourdissement de notre raison et la nécessité absurde et décisive de nier tout ce que nous voyons, tout ce que nous pensons, en un mot de changer en ténèbres épaisses la clarté dominatrice de toutes les évidences.

Les traits de génie de l'âme créatrice de l'univers où nous vivons sont nombreux sans doute; mais nous les trouverons relativement rares si nous les comparons aux faits habituels innombrables de la création.

En ces faits habituels, nous ne voyons dans le passage d'une forme à une autre que de légères supériorisations et toujours la mise en œuvre des résultats acquis du travail antérieur.

C'est exactement ce que nous pouvons observer chez nous-mêmes et chez nos plus ou moins semblables, co-participants à l'existence terrestre, sous la forme quelque peu supériorisée de l'homme.

La nature (nous dirons l'âme souveraine créatrice d'un univers) se copie elle-même constamment.

Elle est prolixe et ses redites sont indéfinies.

Cette prolixité, se mêlant à son génie intermittent, donne un caractère propre à ce que nous nommons la création.

Telle qu'elle est, cette création est assez variée, assez belle, assez pleine de surprises et de charme pour faire naître en nous de nombreux désirs, et pour les satisfaire, et pour étonner notre esprit, et pour enchanter nos sens.

Sans nos douleurs dont la proportion nous paraît trop forte et la mesure trop cruelle, nous ne nous en plaindrions pas, malgré la vague nostalgie d'autre chose qui tourmente aussi quelques-uns d'entre nous.

Cette perpétuelle imitation de la nature par elle-même n'existe pas seulement dans le passage d'une espèce à une espèce voisine, mais elle a lieu parmi toutes les séries partielles du règne organique et même de tous les êtres.

Le lis rappelle, par le nombre et la disposition des pétales blancs formant son calice, les cristaux étoilés des neiges. Les mollusques du fond des mers affectent l'apparence et les colorations florales de certains végétaux. La face des oiseaux de nuits était dessinée et peinte sur les ailes de certains papillons. Les ophidiens se retrouvent dans l'aspect général et dans les mouvements des félins dont les ongles sont articulés en la manière des crochets venimeux de la vipère ou du crotale. Dans l'hippocampe la configuration future du cheval est vaguement prédite.

Un artiste, statuaire et peintre, dont l'esprit bien que toujours occupé de réalisations esthétiques en des modes très divers, ne se dérobe point aux entraînements de la curiosité scientifique, mon frère, Henry Cros, a relevé ces relations morphiques de la création et les a groupées en une synthèse symbolique remarquable :

« Pour faire un chat, il faut des chenilles velues et variées (car il y a des chenilles *angoras* et des chenilles *poil-ras*), des centaines de papillons divers pour le plan de la tête, des oreilles, des moustaches, et contenant la prophétie des yeux peinte sur les ailes. Il faut des multitudes de guêpes pour la férocité carnassière, pour la rayure noire au fond jaune de la robe, pour la rétractilité des griffes, pour le crochu des canines, etc.

« Combien faut-il de vipères pour représenter encore et multiplier la rétractilité des griffes, le rayé ou le tacheté de la robe, la souplesse et l'onduleux de la forme générale, et pour le recommencement de la forme ophidienne de la queue ?

« Combien faut-il de hiboux pour faire les oreilles, de plumes qui ne font, chez les oiseaux de nuit, que les représenter ?

« Combien en faut-il pour en faire des spécialistes preneurs de rats, de rusés pêcheurs, d'habiles chasseurs..., etc. etc. »

Pour plus de clarté, Henry Cros dispose les êtres tels qu'on les range dans les classifications dites naturelles, sur une série de *couronnes* ou de zones concentriques, de façon à faire se cor-

respondre, sur un même rayon partant du centre
commun, ceux qui présentent des analogies organiques appartenant à des classes, genres et
espèces multiples compris dans ces classifications. Il remarque alors que beaucoup de caractères communs se révèlent, ne suivant pas l'ordre
zoologique, et· partant comme du centre, traversent les diverses couronnes de la classifica-
tion ; c'est comme si un type primitif qu'il nomme
le *prosope*, prédéterminé à jouer un certain rôle
dans les drames de la vie, allait se réaliser en
des organismes des diverses séries. On le voit
imposer sa physionomie aux êtres des degrés
les plus éloignés par de nombreux intermé-
diaires, toujours reconnaissable malgré la diver-
sité des combinaisons organiques affectées, en
passant d'une couronne à la couronne suivante.

Exemple : le prosope apparaissant dans la
guêpe ou l'abeille, avec la férocité de son aiguillon et ses couleurs, noir et jaune *fauve*, se
retrouve dans la zone des serpents où l'aiguillon
devient crochet venimeux, la robe demeurant

jaune et noire, et où on le reconnaît encore à divers autres caractères moins immédiatement apparents. — Plus haut, se manifeste encore le même prosope dans les félins terribles, fauves, rayés ou tachetés de noir ; l'aiguillon, les crochets venimeux sont devenus les griffes puissantes, et ces griffes sont articulées comme ces mêmes crochets, comme cet aiguillon *précurseur*.

Par une telle construction, on pourrait d'abord constater les intervalles fréquents, souvent considérables, séparant les tronçons de série dont se compose le règne animal, surtout vers les plus hauts degrés, en ses réalisations terrestres ; puis, par un travail de synthèse comparable à celui de Cuvier réussissant à compléter la forme des espèces disparues, on arriverait à imaginer et à former par la plastique ou par le dessin des formes zoologiques pouvant prendre ces places laissées libres entre ces séries partielles fournies par les classifications. On trouverait là peut-être comme la mesure au moins approximative de la puissance créatrice de l'homme développée par le travail artistique et par l'étude attentive de la création, dans la portion très restreinte de notre univers qu'il nous est donné d'observer.

Un corollaire se déduit aisément des considérations précédentes, c'est qu'il ne saurait y avoir de classifications vraiment *naturelles* dans le sens trop absolu donné habituellement à ce mot. Tout peut se classer assez naturellement, c'est-à-dire le mieux possible; et les monstres imaginaires inventés par les hommes de tous les pays pourraient être aussi bien classés par ordres, embranchements, genres et espèces.

Cependant, il est certain que le plus grand artiste, soit pour compléter une série, soit en combinant à sa fantaisie des éléments morphologiques des êtres observés, et y faisant intervenir divers prosopes, n'inventera ni la forme des proboscidiens, par exemple, ni celle des marsupiaux supposée inconnue, ni un grand nombre d'autres types de la création terrestre. Le trait de génie dont l'homme est capable — même l'homme supérieur — ne paraît pas en cette direction pouvoir atteindre à une intensité suffisante d'imprévu et de spontanéité.

J'ai présenté ces diverses considérations pour bien indiquer ce que peut être une création et ce qu'elle ne peut être, me dégageant à la fois de l'affirmation téméraire d'une création inconditionnelle, impossible, et d'une négation tout aussi peu justifiée, de la conception d'un Dieu-Absolu, créant tout de rien, et d'un Néant-Puissance, donnant l'existence à d'innombrables êtres se perfectionnant dans la durée par d'inconcevables transformations.

La création de notre univers s'affirme par un caractère certain, admirablement bien discerné par Geoffroy Saint-Hilaire, dans ses vues sur les séries naturelles des êtres, c'est l'unité de composition. Tous les essais de classifications tendent à la même conception d'unité, et les choses réelles encore en ceci nous apparaissent comme conformes à la nature de notre esprit. Cette unité de composition ou de création existe

non seulement en notre univers, mais encore certainement dans les formations universelles de degrés en degrés, vers les infiniment petits comme
vers les infiniment grands. Elle concorde parfaitement avec toutes les diversités possibles, toutes
les variétés de formes et de rythmes, progressant
vers des complexités de plus en plus hautes et de
mieux en mieux coordonnées. Ces complexités,
en perfections indéfinies, partent d'origines semblables, les rythmes premiers, les formes origi-
nelles.

Les rythmes aériens appellent la formation des
organes de l'ouïe chez les êtres ; les rythmes
éthéréens, celle des organes de la vue ; les
pesanteurs, celle des organes de station, de locomotion et d'actions volontaires. Ces choses
sont trop connues pour nous arrêter longtemps
et pour être ici développées. Ce qu'il faut noter
cependant, c'est l'impossibilité pour un être su-
bissant d'une manière confuse l'action de ces
rythmes de se créer lui-même des organes desti-
nés à les percevoir en modes plus distincts.

Quelle que soit l'étendue d'un pouvoir possédé, on ne peut avoir une volonté claire et précise dirigée vers l'inconnu. Une *aspiration* est seule possible avec tout le vague contenu dans ce mot. Nous ne pouvons désirer ce que nous ne connaissons pas, mais dès qu'un avantage nouveau nous est donné, il détermine en nous le désir de le conserver, de l'exercer dans toute la limite de ses conditions matérielles et dynamiques.

Ainsi les êtres ne peuvent ajouter à leur organisme des instruments en rapport avec des conditions non encore perçues. Il faut donc que leurs formes organiques soient l'œuvre d'un autre être supérieur au moins d'un degré d'infinité relative.

L'adjonction d'une qualité esthétique est-elle plus facile à comprendre que la formation d'un organe nouveau ? Peut-on supposer qu'elle vient de l'action spontanée de l'être sur son organisme ou sur l'organisme de son descendant immédiat ? Il faut se défier ici du roman déterministe trop légèrement construit. Sans doute la femelle du papillon diapré reconnaît son mâle à l'éclat de ses ailes, la femelle du paon se plaît à regarder le développement du plumage de son mâle triomphant et radieux, la femelle du rossignol se plaît aussi bien et mieux peut-être que nous à écouter les chants de son mâle dans le silence nocturne ; mais est-ce là le sentiment du beau tel qu'il existe chez l'homme ? C'est le pur charme de la sensation et rien ou presque rien de plus. L'homme seul, en vertu de son incommensurable supériorité sur tous les autres êtres de notre univers, comprend la pure beauté morphique ou eurythmique, lui seul est capable de la sentir, de la désirer et de la créer.

L'homme paraît en cela faire exception à l'ensemble des êtres terrestres. On le voit aussi se créer réellement des organes nouveaux surajoutés à tous ceux que la *nature* lui a départis, images perfectionnées de ceux qu'elle avait antérieurement accordés aux bêtes.—Rappelons simplement le microscope et le télescope. — Il es-

saie, partout sous forme de parure (tatouage, vê-
tements et bijoux ou ornements corporels) d'ajouter quelque chose de lui à ce qu'il a reçu en
son germe. Pas plus que les animaux cependant,
il ne crée rien à mettre en rapport avec ce qu'il
ne connaît pas ; mais la puissance de son intelligence lui permet d'imaginer d'avance ce qu'il ne
connaît pas, et en allant vers ce qu'il imagine, de
rencontrer du nouveau conforme ou non à ses
idées préconçues.

Dire que les êtres, même les plus bas placés
dans les séries zoologiques, sont doués de la
même puissance ou d'une puissance comparable,
serait avancer une proposition en dehors de
toutes les données de l'observation et de l'expérience, injustifiable même par aucune conception
a priori.

J'ai déjà indiqué de quelle façon peut se faire
dans la série des univers, sinon la création (action
spontanée et relativement rare des puissances,
échappant à toute théorie), au moins la transmission des formes et des rythmes déjà créés. Il

ne sera pas inutile pour là clarté de cette exposition de décrire cette fonction spéciale.

Je reprends l'hypothèse de l'homme entrant par la porte de la mort en son royaume atomique, en son univers domanial. Il y retrouve toutes les créations passées, de même qu'il possède en sa courbe asymptotique personnelle la trace rythmique absolue de ses existences antérieures. Il vient apportant en cette même courbe toutes les images morphiques ou rythmiques nouvellement conquises dans l'existence récemment accomplie.

Deux fonctions lui sont dévolues, successives ou alternées :

La formation de ses paradis ,

L'accroissement rythmique ou morphique de sa création.

Ces deux fonctions sont liées l'une à l'autre et nécessaires toutes deux.

Dans la formation de ces paradis, que le lecteur se représentera suffisamment suivant la hauteur et la puissance de sa fantaisie, se fera l'élaboration des archétypes, lesquels seront d'une élévation plus ou moins grande et seront transmis de préférence aux formes simplement acquises et gardées telles qu'elles ont été reçues.

Ces archétypes une fois conçus et arrêtés, —formes évolutives rythmiques,—seront tracés comme toutes les impressions antérieures, en mode de représentation rythmique fixée sur la spirale - hélice propre à l'âme souveraine en question.

Ces formes pourront être transmises par un simple contact avec les germes déjà réalisés et vivants, par un simple point de contact immédiat ou médiat.

Mais ici tout n'est pas possible; et quel que soit le degré de divinité d'une puissance, elle ne peut — faut-il le répéter — que ce qui est strictement possible.

Dans les paradis, qui ne sont que l'idéal du rêve, tout ce qui peut être représenté est possible.

Dans la création, il faut que la formation anté-

rieure ne diffère pas extrêmement de la nouvelle
forme transmise, laquelle ne peut agir qu'en manière d'influences sur l'être réel qui en est affecté
en son germe, par action rythmique de contact.

Supposons, pour la discussion de l'hypothèse,
que l'âme souveraine veuille faire apparaître
dans son existence paradisiaque des sphinx, des
centaures, des sirènes. Rien ne l'en empêchera.
Supposons qu'elle veuille transformer un phoque
en sirène, un cheval en centaure, un lion ou un
oiseau en sphinx. Une absolue impossibilité l'ar-
rêtera ; et de pareilles tentatives, il résulterait,
non pas la création vivante du monstre idéal, mais
des formes monstrueuses toutes différentes, et où
la figure de l'organisme vivant déjà créé prédo-
minerait absolument ; car l'influence nouvelle ne
saurait effacer les caractères réalisés, pour une
vie, de l'organisme qui la subirait. Ce que j'en
dis même n'est qu'une façon de parler. Il ne résulterait à peu près rien d'une telle tentative.

Par contre, il est facile de comprendre ainsi,
soit l'apparition d'un organe nouveau, en mode

tout d'abord rudimentaire, soit l'élévation d'une forme déjà créée à un degré supérieur de beauté, et de plus, la naissance de variétés sans nombre des espèces anciennes.

C'est en cette fonction de transmission des formes acquises par l'âme souveraine, ou nouvellement inventées par elle, que la « nature » ne fait point de saut, puisqu'il vient d'être établi que chaque transmission ne peut se faire que grâce aux préparations indispensables préalablement accomplies.

J'examinerai maintenant la question de la création en fonction de la mort.

En notre univers, toute l'économie de l'existence est fondée sur ce principe que le plus fort mange le plus faible, le plus faible ne pouvant persister comme espèce qu'à la condition d'être très multiplié. Cette dure nécessité est partout inscrite; et il faudrait un grand parti pris pour ne pas la lire en tout temps et en tous lieux où se portent nos regards. En dehors de cette condition générale constatée, qui pourrait imaginer un univers autrement organisé ? Il paraît donc en être de même pour tous les univers d'infiniment petit en infiniment petit. Du côté de l'infiniment grand peut-on supposer autre chose ? Qui le pourrait dire ? Peut-être à des hauteurs d'infini très lointaines ; mais l'imagination même ne peut — dans sa plus ample liberté — atteindre à de telles élévations.

Il faut donc voir et accepter les choses telles qu'elles sont ; la mort, même la mort prématurée dite accidentelle, entre dans le plan général de toute création vivante.

La mort est une fonction de la vie.

Considérée dans son but, la vie est le lieu des mises en rapport le plus nombreuses possible des êtres les uns avec les autres, et avec les milieux de l'univers où s'est faite leur incarnation.

Les deux grands moyens de multiplier ces rapports sont le plaisir et la douleur dans tous leurs modes, dans toutes leurs variétés.

Dès lors que nous concevons ces conditions

comme d'impérieuses nécessités, nous accepterons avec moins d'amertume les fatigues, les ennuis, les inquiétudes, les défaillances, les déceptions, les peines, les douleurs sans nombre, les désespoirs dont notre vie est, pour une grande part, composée.

Et nous dirons avec Leibniz, si mal compris le plus souvent: « Cet univers est le meilleur des univers possibles, » étant donnés, son degré dans la série infinie et le moment où nous y vivons, et la hauteur de l'âme souveraine qui le crée, en rapport fatal avec le degré acquis jusqu'à cette heure par nos âmes subordonnées et contraintes pour un temps par les nécessités invincibles de la vie.

Nous aurons moins d'horreur, dès lors, des crochets venimeux des serpents, des dents du tigre ou du crocodile, des gouffres inconscients de la mer, de la pâle maladie qui nous torture, qui nous déforme et qui nous tue, avant la fin de ce que nous pouvions espérer comme durée d'évolution sur cette planète, où l'acquis de nos évolutions passées nous avait permis de voir la lumière.

L'hypothèse en cela résout le grand problème car elle répond directement au pourquoi des choses de la vie, de la douleur et de la mort.

CHAPITRE IX

La morale

Quand un sage de l'antiquité étudiait les sec-
tions coniques, il ne savait pas que, plusieurs
siècles après lui, les courbes, objets de ses recherches, joueraient un rôle prépondérant dans
les découvertes de la mécanique céleste. On ne
sait jamais où peut conduire ni à quoi pourra
servir une vérité trouvée. La science pure n'a
pas à se préoccuper de ses applications possibles.

Les hypothèses présentées en ce livre répondent à plusieurs des questions toujours présentes à l'esprit humain et jusqu'à ce jour non réso-

lues, bien plus, réputées insolubles par la plupart des philosophes, des théologiens et des savants.

Elles sont nécessairement incomplètes. Cependant les éléments divers dont elles sont formées sont entre eux parfaitement d'accord, et le développement de leurs conséquences logiques et mécaniques ne nous a fait nulle part rencontrer l'absurde. La critique et le temps peuvent les confirmer au lieu de les détruire, et leur donner une valeur théorique tout au moins capable de faire naître dans les esprits cette sorte de conviction qui s'impose en présence de probabilités bien établies.

Il ne serait pas dès lors sans intérêt de s'enquérir de l'influence possible d'une telle doctrine sur les mœurs et les coutumes des hommes. Je la défendrai peut-être contre les objections inattendues qu'on pourra m'adresser, car j'y ai souvent et longuement pensé. Je ne puis maintenant, en ces pages voulues brèves et rapides, écrire la très longue série de ces réflexions ; j'ai omis de même les développements de la discussion des possibles relatifs au problème, et les suites combinées d'épreuves logiques ou mécaniques auxquelles j'ai dû avoir recours pour la parfaite équilibration de mon esprit.

Je me limiterai pour le moment à examiner les hypothèses seulement en fonction du suicide et du meurtre, ces deux actes tragiques étant considérés comme sommets du malheur et du crime.

Il paraît que les âmes faibles tentées de fuir les amertumes et les tortures de la vie — l'horreur du néant étant écartée — pourraient être séduites par la perspective du royaume promis dans la mort, et des paradis futurs, présentés comme devant se dérouler au gré de l'Ame souveraine en ce merveilleux royaume.

Il paraît que l'abolition, en cette doctrine, des peines temporaires ou éternelles dont les religions, pour la plupart, menacent les criminels, supprimerait toute garantie contre les aggressions dont les honnêtes gens peuvent être victimes de la part des désespérés.

Je ne plaiderai pas ici les circonstances atté-
nuantes en faveur de ces hypothèses. Elles échap-
peront toujours, en vertu des données même du
problème, à toute vérification expérimentale directe. Elles ne sauraient s'appuyer sur de rigoureuses, d'absolues démonstrations. Elles ne sont
qu'une forme satisfaisante du doute.

Et ces questions du suicide et du meurtre n'ont
pas l'importance exagérée que nous leur prê-
tons.

Elles disparaissent presque devant la notion de
notre immortalité.

Les égoïstes, les lâches, les méchants, les
traîtres, les assassins sont les plus malheureux
d'entre les hommes. La justice éternelle ne peut
voir en leurs âmes sombres que des arrêts mo-
mentanés de leur ascension. Ils sont ou ne sont
pas châtiés en ce monde, cela importe assez peu.

Que les juges et les bourreaux fassent leur of-
fice avec tranquillité, lorsque le crime tombe sous
le coup de la loi. Des enfants innocents sont en
grand nombre étranglés par la diphtérie. De

jeunes et belles femmes meurent en donnant le jour à des êtres qui ne les vaudront peut-être pas. Ne laissons pas aller notre sensibilité à la dérive comme plusieurs prétendus philanthropes nous y inclinent, en présence des châtiments sociaux nécessaires.

Parmi ces châtiments, celui que je blâmerais le plus est la prison — la réclusion prolongée — parce qu'il atteint l'âme un peu trop, et dépasse en cela même le droit du justicier. Les lois pénales de tous les peuples même civilisés, sont encore très imparfaites à beaucoup d'égards.

L'hypothèse dira à l'homme prêt à se précipiter en ce qu'on appelle, en un mot téméraire, le néant : Quelle hâte de mourir ! As-tu recueilli assez d'images dans la vie pour te faire des paradis heureux ? As-tu assez entendu de symphonies, assez contemplé de chefs-d'œuvres peints ou sculptés, lu assez de poèmes, connais-tu beaucoup de fleurs, as-tu assez regardé de couchants et d'aurores ? Non. Eh bien ! avant de te tuer, mendie, livre-toi aux travaux les plus abjects et les plus durs pour vivre, multiplie tes efforts et tes souffrances, mais ramasse ton trésor terrestre avant de partir... Aime surtout... ne serait-ce qu'une fois.

Un assassin avait tatoué sur sa poitrine ces mots : *Le passé m'a trompé, le présent me tourmente, l'avenir m'épouvante.* A l'assassin je dirais : Mon frère en humanité, mon frère en douleurs, je ne te hais pas, je te plains. Les plus grands malheurs t'ont accablé, tu as manqué ta vie. C'est à recommencer. Il faut mourir pour te refaire une innocence par l'oubli, en une existence future. Meurs de gré ou de force. C'est ce que tu peux faire de mieux pour les autres et pour toi-même.

Quand l'homme a pu se servir un peu régulièrement de sa raison, il a conçu la justice — mesure commune des actes humains. — Dès qu'il a entrevu l'immortalité, il a manifesté l'indulgence — plus haute que la justice.

Les pénalités sont des nécessités sociales. Pourquoi les infliger au-delà de l'indispensable ?

L'idée de l'immortalité aide à supporter la vie. La morale n'est qu'un *idéal*, elle n'a pour elle que sa beauté, et cela suffit.

L'Idéal, que je définis ici *la tendance vers le mieux possible*, est la direction normale de notre destinée ; d'innombrables forces ennemies s'acharnent à nous en écarter. Il faut nous efforcer d'y revenir toujours.

Toutes les heures, toutes les minutes de notre vie ont une importance incommensurable. Tâchons de les remplir de ce que nous pouvons trouver en nous-même et autour de nous de plus beau, de plus grand, de plus admirable. Chacune d'elles doit avoir une influence éternelle sur notre destinée. Et cette influence doit s'étendre indéfiniment sur des séries infinies d'êtres que nous portons en nous et dont le développement est indissolublement lié à notre développement propre. Rien donc n'est indifférent ; et le mal est surtout et toujours le manque de quelque chose.

Je trouve cinq formes principales de l'idéal. Je les dispose en croix comme cinq fleurs d'azur, d'or ou de pourpre, quatre marquant les extrémités des branches, et la cinquième placée en cœur à l'entrecroisement central.

I. L'Idéal de la Pensée-Haute, — la sainte curiosité de l'âme vers les questions philosophiques ou religieuses, vertu féconde qu'il ne faut jamais laisser en nous s'endormir, — le sentiment de noblesse intime, sauvegarde puissante de notre dignité, de notre pureté, de notre élévation.

II. L'Idéal de l'Amour et de l'Honneur, —le centre et comme le cœur de toute vie normale et où les autres formes de la beauté viennent comme se rencontrer.

III et IV. L'Idéal dans l'Art et dans la Science, les deux grandes manifestations de notre divinité personnelle.

V. L'Idéal dans la vie, la mise en pratique de toutes choses en vue des autres formes de l'idéal précédemment désignées, comprenant le mépris des choses fortuites, passagères et vaines, la recherche du prétendu superflu qui est seul nécessaire, le renoncement au bien-être mesquin et atrophiant, la bonté rayonnante, illuminant les êtres et les choses et répandant sa clarté parmi les ténèbres de tous nos chemins.

Tel est, en l'esprit de ces hypothèses, le signe du salut éternel.

CHAPITRE X

Les religions sont de magnifiques poèmes écrits
en lettres de feu dans les âmes des hommes.
Elles traversent notre ciel intellectuel comme
de grands anges. Tout en entraînant dans leur
vol des nuées d'erreurs et de ténèbres, elles
sèment sur la terre un nombre immense de précieuses vérités. — Ces vérités ne sont pas
toujours explicites ni claires ; mais elles sont
vivantes. Comparées à nos sciences, les religions l'emportent encore, et de beaucoup. —
Les réactions des prétendus libres-penseurs
(bien que partiellement justifiées) sont misérables
devant elles.

Le culte donne la vraie nourriture spirituelle aux âmes. Rien ne saurait se faire de grand ni de beau parmi les hommes sans cette alimentation suprême. Il faut un grand culte pour faire un grand peuple. L'éducation véritable d'un peuple se fait par le culte — et il faut prendre ce mot en toute l'étendue de sa vraie valeur — presque jamais autrement. L'enseignement direct de l'école n'est qu'une préparation moins efficace qu'on ne le croit de cette éducation.

Je salue donc d'une âme profondément respectueuse les grandes religions et les beaux cultes du passé — et je désire pour mon pays, et pour le genre humain dans l'avenir, une religion encore plus belle et *un culte* ou *des cultes* — qu'importe — plus admirables encore.

Je voulais rapprocher ici tout ce qui dans les dogmes anciens — croyances ou doctrines, superstitions même — concorde plus ou moins directement, par formules, figurations ou symboles, avec l'ensemble des hypothèses ci-avant exposées. Je n'ai pas le loisir de faire ces rapprochements. Il y faudrait trop de paroles. Et les paroles ne suffisent pas à de telles comparaisons. Il y faudrait encore les représentations telles que les grands artistes les ont données. Ce petit livre ne peut tant contenir.

Le voilà tant bien que mal fini. J'ai tracé sur le papier en formules compréhensibles, et je vais bientôt livrer à l'imprimeur cet ensemble d'idées, d'hypothèses ou de théories que je porte dans mon cerveau depuis de longues années. Ce livre, que j'aurais voulu écrire en excellent style, et qui s'est péniblement développé parmi les cristallisations confuses d'une langue difficile à modeler, est plus long et plus prolixe que je n'aurais voulu. Des répétitions s'y rencontrent nombreuses, çà et là font défaut les développements peut-être nécessaires. Les idées naissantes, espèces de larves de l'esprit, ne peuvent revêtir d'abord leurs formes achevées. Il y faut le temps et un long travail. Pour si vaillant que soit le courage, peut-on compter sur demain ? Cette œuvre incomplète, composée sans ordre

apparent, espèce d'ébauche défectueuse, mais
où j'ai soigneusement évité du moins la confusion, le vague et l'obscurité, si commode aux
vaniteux comme aux indolents, je l'offre aux
très rares esprits qui, en cette époque inquiète,
n'ont pas abdiqué la royauté de la pensée. Il
sera peu lu. Mon devoir était pourtant de l'écrire:
j'ai fait mon devoir.

NOTES COMPLÉMENTAIRES

NOTE I

Atomes et molécules.

Que faut-il entendre par *atome ?* Il est important de bien fixer la valeur donnée à ce mot, car elle a changé plus d'une fois dans l'antiquité et surtout de nos jours.

En chimie, on étudie dans leur composition et dans leurs transformations les *molécules*, groupements géométriques ou symétriques plus ou moins complexes et plus ou moins stables d'atomes plus ou moins nombreux, on distingue divers ordres de molécules, suivant le nombre et les rapports de situation des atomes qui les forment, enfin certains groupes d'atomes se comportent dans les combinaisons, à la manière des atomes simples ou considérés comme tels. On donne le nom de *radical* à un tel groupe d'atomes.

C'est donc une sorte de hiérarchie différentielle

que la chimie constate dans les structures atomiques ou moléculaires constituant les corps, depuis l'atome réputé simple jusqu'à la molécule la plus remarquablement composée.

Il n'est pas nécessaire de rappeler ici les relations connues entre atomes, radicaux, molécules : relations attribuées à certains modes de la force nommés affinité et cohésion, et rattachés par l'analogie au fait de gravitation universelle. Même l'atome réputé simple des chimistes, — tels sont les atomes de l'or, du soufre, de l'hydrogène, — n'est pas celui qui peut nous intéresser au point de vue de notre étude. En effet, tout porte à le croire, de tels atomes sont constitués, comme les molécules, par des arrangements spéciaux et divers d'éléments plus petits; donc ils peuvent être déjà très complexes bien que d'une stabilité impossible à rompre par les moyens dont les chimistes disposent actuellement.

Le poids atomique, toujours le même pour une même espèce d'atomes chimiques, et les propriétés spéciales d'atomicité peuvent s'expliquer seulement de deux manières. Ou bien les derniers éléments des corps diffèrent beaucoup les uns des autres comme grandeur, masse, densité, configuration et autres conditions qui leur seraient propres, ou leurs propriétés sont dues à certaines dispositions encore inconnues d'éléments beaucoup plus petits, en des corrélations dynamiques non encore mesurées ni même découvertes. C'est seulement à ces derniers éléments de la matière structurée qu'il faut donner le nom d'atomes. Ceux qui, les premiers, en ont admis l'existence, leur ont imposé un moment celui *d'ultimates*; on peut les appeler *monades*. Cela importe assez peu.

D'après Sir W. Thomson, un atome de matière est formé de particules d'éther, groupées en forme de *tore* et animées d'un mouvement de rotation dans chaque section méridienne. Il faut constater d'abord que cet atome, nouveau venu dans la science n'a pas laissé que d'obtenir un accueil favorable, accueil légitimement dû, sans doute, aux mérites de Sir William Thomson, son inventeur.

Cette hypothèse basée sur un fait d'expérience, en lui-même intéressant, expliquerait la permanence des atomes et l'impossibilité de les réduire en éther.

On lui reproche de n'expliquer ni pourquoi un atome d'une espèce donnée a toujours la même masse, c'est-à-dire comprend toujours le même nombre de particules (?) d'éther (?), ni pourquoi il existe entre les atomes des différences de propriétés, dites d'atomicité.

Pour si ingénieuse que soit l'hypothèse, j'ai presque dit l'invention de Sir W. Thomson, il faut bien convenir qu'elle n'explique absolument rien. La permanence d'un atome est assez bien expliquée simplement par son existence.

De nihilo nihil, in nihilum nil posse reverti.

Cet axiome est le fondement de toute physique et de toute chimie scientifique. Pour expliquer l'indestructibilité de l'atome, il faut y ajouter l'ordre de grandeur auquel il appartient et qui le met hors de portée de toute cause de destruction ; n'est-ce pas la meilleure de toutes les défenses, suivant la fable ancienne et célèbre du moucheron invincible luttant contre la colère du lion. Un boulet de canon pourra rencontrer, sans la détruire, la graine pennée qui flotte dans l'air. Quant à l'impossibilité de réduire les atomes en ce qu'on nomme éther, elle résulte peut-

être et tout naturellement de ceci, qu'ils n'en sont
nullement formés.

Je dirais, en d'autres termes, que M. Thomson n'a
pas eu l'intention d'expliquer quoique ce soit des
faits relatifs aux transactions chimiques interatomiques ou intermoléculaires, et qu'on a été mal avisé
en reprochant à son atome-tore de ne pas servir à de
telles explications.

Le but de M. Thomson a été simplement de former
hypothétiquement un atome *par condensation de l'éther*,
et il y a réussi au mieux possible. Cependant quelle
grande utilité y a-t-il (bien entendu au point de vue
théorique) à ce que l'atome soit formé par des particules d'éther ?

La tendance à simplifier, à unifier les choses peut
être bonne sans doute ; il ne faut pas la pousser trop
loin. Je ne vois aucune raison de supposer l'identité
de la matière éther et de la matière atome, au moins
quant à présent.

Un autre savant veut que l'atome résulte de mouvements vibratoires, de phénomènes d'interférence,
de lignes nodales dans l'éther ; les mouvements vibratoires *partant d'un point central vibrant* se dévelop-

peraient en ondes, et aux entrecroisements des lignes
de rencontre de ces ondes, se détermineraient des
points d'équilibre, d'immobilité relative, ces points
seraient les atomes. Mais encore une fois quel besoin
y a-t-il pour qu'il en soit ainsi, et non autrement?
C'est un souci métaphysique. On veut que l'atome ne
soit rien du tout. Eh bien il est quelque chose! N'ou-
blions pas que l'idée en est venue aux chimistes, en
ce xixe siècle, des nécessités de la théorie et de l'expérience. Cette idée est sortie en quelque sorte vivante des cornues, des creusets et des éprouvettes, ou
pour mieux dire, des grands esprits qui ont fondé la
chimie moderne, en présence de faits exactement mesurés, et sur des calculs très exacts bien que simples.

Je dirai donc, avec tous les chimistes, que l'atome
prétend exister, que ses dimensions bien que faibles
sont des dimensions; quant à sa configuration, j'atten-
drai pour la déterminer en mon entendement qu'une
ou plusieurs *nécessités* me forcent à le faire.

Je n'admets point, jusqu'à nouvel informé, que
tous les atomes aient nécessairement le même poids,
ni la même forme, ni la même dimension; cela peut
être ou n'être pas. Ces objets étant extrêmement éloi-

gnés les uns des autres et d'un ordre de grandeur démesurément lointain dans la petitesse, ils peuvent former des groupes symétriques à peu près égaux, donnant naissance aux propriétés primordiales de la matière, leurs différences de forme, de grandeur et de masse réelle étant dès lors conditions ou quantités parfaitement négligeables.

Pour ce qui est de l'atome que j'assigne à toute âme pour domaine propre, est-il semblable ou différent des autres atomes? Je ne saurais le dire actuellement, et je ne m'en inquiète pas outre mesure. Il suffit à mon hypothèse qu'il occupe une étendue plus ou moins grande, mais *comparable* à celle de ces atomes que nous essayons de distinguer des molécules encore indécomposées, et qu'il faudrait considérer comme les éléments ultimes de la matière.

La configuration des atomes peut être uniforme ou différenciée. Elle peut être celle du tore de Sir W. Thomson; elle peut être tout autre; et, variable, reproduire les aspects de divers genres de nébuleuses. Cela n'importe pas, pour l'heure présente, et n'a point à être mis en question.

Je ne puis ici pousser à fond la discussion; mais je

dois, pour fixer l'esprit du lecteur, lui donner l'opinion qui s'est formée dans le mien, à l'occasion de lectures et de méditations dont je n'ai pu me dispenser à propos de cette question de physique générale. Cette opinion sera plus amplement exposée et défendue dans un travail spécial que je ferai bientôt paraître.

En voici l'énoncé aussi bref que je l'ai pu écrire : On ne peut concevoir l'éther autrement que comme formé d'atomes ou de monades qui lui sont propres.

Ces monades nécessairement très petites sont formées *d'un autre éther* dont les monades sont, relativement à elles, infiniment petites, et celles-ci de même, et ainsi de suite et à jamais, c'est-à-dire en série indéfinie.

Ces *premières* monades de *notre* éther sont enveloppées d'un autre éther composé aussi de monades, celles-ci infiniment plus petites mais différant démesurément de grandeur de toutes les autres de la série dont je viens de parler.

Ce deuxième éther pareillement formé de monades propres, en suppose un troisième, et ainsi de suite, en série pareillement indéfinie. On comprend que par leurs proportions spécifiques, dans les divers rapports de quasi-infinité possibles, aucun des termes de l'une des séries n'est comparable à aucun des termes de l'autre.

Chaque monade est donc une masse d'éther différant des autres éther en des proportions immenses, sinon par l'*élasticité* ou par la *densité* — lesquelles peuvent être peu inégales ou même pareilles — mais par la *subtilité*, qui ne peut être que quasi-infiniment différente entre une monade et une autre monade d'un ordre différent de grandeur.

On peut concevoir ainsi la structure générale intime de la matière, actuellement et perpétuellement divisée jusqu'à l'infiniment petit absolu; et je crois impossible de se la représenter autrement. Tout ce que j'ai tenté, en ce sens à l'exemple de divers physiciens, ne m'a conduit qu'à des essais de constructions hypothétiques disparaissant, se dissolvant, s'évaporant en quelque sorte dans le vague de la fantaisie, tombant dans le pur caprice, l'irrationel ou l'absurde.

Ces recherches m'ont conduit à admettre que notre éther — celui de notre univers — abstraction faite de la série indéfinie d'éthers qui le constitue, n'est à aucun point de vue un *corps simple*. Il est composé de quatre, peut-être de cinq éléments éthérés, dont les monades sont de grandeur différentes mais *comparables* entre elles.

Parmi ces monades celles qui sont de même espèce sont reliées entre elles par une cohésion très grande.

Les affinités entre monades d'espèces différentes sont au contraire nulles ou très faibles.

Dans notre univers chacun de ces fluides éthérés fournit un mode de vibration, un genre de rythme spécial.

Ces divers modes de vibration, propres à chacun de ces éléments, correspondent à l'*actinisme,* à la *lumière,* au *calorique,* à la *gravitation.* J'ai sur cela construit, au moins en ses lignes principales, une théorie du fait général de la gravitation.

Le cinquième éther serait composé de monades nécessaires à la formation de la matière pondérable, laquelle ne serait dès lors qu'une condensation de ce cinquième éther, combiné en des proportions diverses avec les quatre autres. Je ne puis dire encore si ces monades sont autres que celles constituant l'éther oscillant en mode gravitaire, ou si elles sont les mêmes. J'ai trouvé commode, pour le moment, de les distinguer sauf à les confondre plus tard, si le développement de mes études et de considérations nouvelles fondées sur des faits nouveaux, ou mieux analysés, ou mieux vus, me permettent de le faire.

J'ai retracé ici ces inductions et ces théories de physique générale pour montrer au lecteur quelle situation je veux prendre dans les discussions scientifiques de notre temps, relativement à ces questions. Elles m'ont servi, avec les théories déjà discutées et généralement admises, à édifier cet ensemble d'hypothèses où le problème de la destinée trouve une solution possible. Mais cette solution étant une fois trouvée elle ne saurait être détruite, même par de très grands changements dans les idées actuellement en faveur sur l'éther, les atomes et en général la constitution de la matière. Sa valeur symbolique ou schématique subsisterait. Des formes nouvelles de ces possibilités seraient simplement à trouver ; et selon toute apparence on les trouverait.

NOTE II

La réalité du monde physique

La perception, en leurs relations réciproques, des images cérébrales de ce qui nous entoure, nous fait créer l'espace idéal, limitable à notre gré, et qui paraît sans bornes, comme l'espace réel, à notre sentiment intérieur.

Par l'exercice de la vision, l'image des objets réels se forme dans le centre cérébral de cette fontion. Cette image est virtuelle comme je l'ai démontré en d'autres écrits, et coïncide absolument avec la réalité (tout au moins pour une sphère d'une assez médiocre étendue, il est vrai) et nous présente exactement tous les rapports de grandeur, de situation et de forme des objets constituant cette réalité, le tout en mode de perspective monoculaire ou binoculaire.

D'un point donné, je prends géométriquement la perspective d'une région angulaire de l'espace dont je suis le centre; d'un autre point je prends une perspective des objets compris dans le premier angle. Je

peux tirer facilement de ces deux perspectives les
plans, coupes, élévations, c'est-à-dire déterminer en
leurs trois dimensions tous les rapports réels ainsi rele-
vés. Un autre géomètre peut faire, après moi, les mêmes
opérations. Il y a donc un *espace* absolu et objectif
sinon deux quantités égales à une troisième, ne seraient
pas égales entre elles.

Ajoutons que cette démonstration est superflue dès
que l'on connaît le fait de la vision binoculaire. En
effet, par la vision des deux yeux, en deux perspectives assez légèrement différentes, nous touchons en
quelque sorte les objets à distance par nos rayons
visuels et nous sentons directement l'espace dont
nous acquérons ainsi comme la possession immédiate.

Dans une durée déterminée par hypothèse, occupée
par un rythme, nous pouvons par la pensée suppri-
mer ce rythme et le remplacer à notre gré par un
nombre indéterminé de rythmes différents. Donc, il
y a un *temps* absolu.

La même démonstration s'applique à l'espace linéaire où peut être représenté ce rythme et aux trois
dimensions de l'espace ; donc, il y a un *espace*
absolu.

L'espace et le temps sont les deux conditions absolues et nécessaires de l'existence.

L'infinitif *être* représente le côté *absolu* d'une âme,
d'une puissance, d'un dieu, d'une entité quelconque.
L'infinitif *exister* signifie par étymologie, accomplir une évolution, et comporte, tout au moins, les
idées d'étendue, de durée et de mouvement.

NOTE III

Le plein et le vide.

Le vide qu'on peut supposer dans la structure
d'un univers pour s'expliquer le mouvement, n'est
pas celui qu'on attribuerait aux atomes imaginaires à
coquille infrangible. Ce dernier serait le vide absolu,
éternel, immuable et l'autre ne serait qu'un vide nécessaire, par conséquent fonctionnel, transitoire,
temporaire, rempli ou traversé à chaque instant et

dans toutes les directions par des nombres immenses d'atomes, ou par les flots mouvants de tous les éthers.

Il faut relativement très peu de ce vide pour faire concevoir la possibilité du mouvement. Tout porte à croire en effet qu'il y en a très peu. Encore très peu est-ce beaucoup dire, l'éther où se meuvent les atomes, étant lui-même composé d'atomes d'un autre ordre de grandeur, se mouvant dans un autre éther aussi formé par d'autres atomes, en proportions comparables, et ainsi de suite indéfiniment.

Il est clair que de cette façon tous les vides *tendent* à être comblés jusqu'à l'infiniment petit absolu. Cette question du vide a inquiété beaucoup de savants et de philosophes. Je n'ai pas été convaincu par l'essai de démonstration de la possibilité du plein universel donnée par Descartes. Pas plus que Descartes, Leibniz n'admet le vide. Il n'admet aucun vide, disant que lorsqu'un vide tend à se produire par le mouvement, il est *immédiatement* comblé. Cette explication ne me paraît pas suffisante ni même acceptable.

NOTE IV

Une condition de la génération

Le tracé de la vie antérieure pourrait être conçu comme suffisant pour reproduire la forme évolutive de l'être, sauf notre ignorance de plusieurs autres conditions nécessaires que nous ne pouvons qu'entrevoir ou pressentir.

Ces conditions semblent devenir plus nombreuses à mesure qu'on s'élève de degrés en degrés. Quoi qu'il en soit, la nécessité des deux facteurs (mâle et femelle) de la génération de ces êtres nous apparaît notamment en ceci :

L'évolution de la vie, tracée sur la spirale archée, s'y trouve avec tous les accidents pathologiques, lésions, pertubations, mutilations d'organes, abolition de fonctions que l'être a pu subir en son existence antérieure. L'être nouvellement incarné serait donc reproduit avec toutes les traces fatales des malheurs subis ; et d'existence en existence, des aggravations de plus en plus terribles ne tarderaient pas à amener l'impossibilité de la vie et de l'incarnation même. J'ajouterai qu'il est difficile d'admettre que l'être au moment de se réincarner connaisse d'avance les conditions relatives aux milieux nouveaux qu'il va traverser, et puisse en conséquence, se prémunir contre les dangers spéciaux pouvant y menacer, dès les premiers moments, son bon fonctionnement organique et même sa vie.

Il est pourvu dans une assez large mesure à ces difficultés par la forme double dont il va compléter sa forme personnelle, forme double donnée en ces nouveaux milieux, et en rapport fonctionnel suffisant avec les conditions spéciales et nouvelles pour lui, qui les caractérisent.

Or, les parents fournissant à l'être, non seulement une forme nouvelle, mais deux formes se corrigeant, dans une certaine mesure l'une l'autre, ces deux formes peuvent suppléer en de très nombreux détails aux défectuosités de la forme antérieurement vécue et propre à l'individualité renaissante. De cette façon, mais de cette façon seulement, une évolution nouvelle est possible.

On peut admettre que l'être (ou âme ou puissance créatrice) peut, avant la réincarnation, avoir effacé, au moins en partie, ces traces fatales du malheur passé. Cela est possible ; mais il est au moins probable que cette action de l'être sur lui-même ne suffit pas. Suivant l'hypothèse proposée, il n'est pas le créateur de sa propre forme, laquelle vient toujours de l'âme souveraine de l'univers où il s'est incarné, émane médiatement de plus haut. Car si l'être peut transmettre sa propre forme, plus ou moins modifiée, il ne paraît pas possible qu'il la crée absolument. Il l'a reçue ; et ne peut la dominer totalement.

Lorsque, par l'intermédiaire des parents, il en reçoit une nouvelle et un peu supérieure, il est ainsi aidé en son ascension progressive, laquelle résulte toujours de la somme de ses efforts antérieurs et de cet indispensable secours qui lui vient de plus haut que lui.

On comprend quelles conséquences peuvent être tirées de telles considérations pour ce qui regarde les faits d'hérédité.

Les idées ou les partis pris de plusieurs savants de notre siècle tendent à faire considérer comme superflues ces conditions de la génération des êtres que je m'efforce d'apercevoir en les délimitant. L'influence atavique, seule, suffirait, selon cette doctrine transitoire, à expliquer l'apparition des êtres individuels et toutes les particularités par lesquelles ils se distinguent les uns les autres.

J'oppose à une telle conception par trop simple les difficultés suivantes :

Considérons ce qui se passe dans l'espèce humaine où les dissemblances sont plus faciles à discerner, où on les trouve en quelque sorte mieux gravées que dans tout le règne animal.

Les enfants tiennent toujours un peu de leur père et de leur mère, soit! toujours plus de l'un que de l'autre. Pourquoi?

Les enfants d'une même famille diffèrent cependant beaucoup les uns des autres. Pourquoi?

Un des enfants présente des caractères qui le mettent à part comme type de toute sa famille. Je parle des cas très nombreux où l'idée ne peut venir de s'expliquer le fait par une infidélité de la femme.

Il reproduit alors — on a cru souvent le constater — les signes personnels et les aptitudes de l'un de ses ancêtres oublié. Pourquoi de celui-là et non d'un autre?

Si un individu était uniquement le produit de ses facteurs ataviques ceux-ci pris à un degré quelconque de son ascendance, et plus ou moins nombreux suivant la période choisie, les caractères individuels souvent contradictoires de tels facteurs se trouveraient en lui comme brouillés, effacés, atténués les uns par les autres, et leur confusion définitive s'exprimerait par un type veule, indécis, vague, insignifiant, ayant à peine conservé quelques traits indistincts de la race prédominante.

L'observation ne montre rien de pareil.

C'est souvent le contraire qu'on observe, une lignée assez obscure, un couple assez ordinaire donne lieu à un être où éclatent des beautés corporelles imprévues, des qualités d'âme insoupçonnées. En lui revit presque l'archétype d'une race longtemps abaissée par les hasards pathologiques. En lui apparaît surtout quelque chose d'absolument spécial et de nouveau qui est *lui*.

L'union accidentelle de l'élément mâle à l'élément femelle ne suffit pas à expliquer ce phénomène, le plus étonnant peut-être que la nature puisse nous présenter.

On dira : celui-ci est un Montaigu, cet autre est un Capulet ; et on fera cette distinction à grand peine sur quelques signes fugitifs et incertains. Les profils d'Eurypide, de Platon, de César, de Michel-Ange, d'Érasme, de Condé, de Lizt et de mille autres ne seront jamais oubliés par qui les aura vus une seule fois.

L'individu est par lui-même quelqu'un. Il apparaît avec ses caractères propres, mêlés à ceux de la race de ses parents qu'il continue, et aussi à quelques-uns des caractères individuels de ces mêmes parents. S'il ressemble à l'un de ses ancêtres lointains, c'est que par lui-même il avait, avant son incarnation, des ressemblances, des affinités puissantes, profondes, avec cet ancêtre dont il a trouvé la forme organique virtuelle conservée à l'état de rythme inscrit dans l'organisme de ses père et mère immédiats.

Enfin, pour ne point développer cette discussion outre mesure, et pour montrer enfin une évidence claire et décisive, je dirai :

L'être a un sexe déterminé, — depuis toujours, cela

est probable, mais à coup sûr avant l'instant de la *conception,* par laquelle il entre dans la vie terrestre. C'est en vertu de cette prédétermination qu'il est *mâle* ou *femelle.* Sans cela il serait hermaphrodite. Les deux sexes se mêleraient en son organisme avec les apparences extérieures et grossières appartenant à chacun d'eux, tout en s'annihilant l'un l'autre au point de vue des fonctions, comme il arrive chez les hermaphrodites accidentels qu'on a pu observer et décrire. Ce cas tératologique de l'hermaphrodisme ne peut s'expliquer que par l'action égale (et ensemble prédominante) de la forme mâle et de la forme femelle des parents, l'action de la forme propre de l'être incarné lui-même ne pouvant s'exercer ou s'exerçant mal sur les parties inférieures de son organisme en formation, par suite de quelque circonstance pathologique.

NOTE V

Représentation de l'espace en mode rythmique.

On peut trouver quelque difficulté à comprendre comment une ligne unique peut contenir en mode rythmique non seulement les sensations à rythmes d'apparence simple comme les *sons,* les *odeurs,* les *saveurs,* les *couleurs,* les *températures,* les *résistances,* etc., toutes à une seule dimension (linéaire) ou *dans le temps,* mais encore les impressions sensorielles complexes (dont le type est la vision des milieux où nous vivons), lesquelles ne se peuvent représenter que par trois ordres de coordonnées correspondant aux trois dimensions de l'espace : deux au moins pour les surfaces, trois pour les étendues et pour l'ensemble des corps divers compris dans la sphère optique virtuelle dont nous sommes le centre, et vus soit en perspective simple ou monoculaire, soit en perspective double ou binoculaire.

On ne peut s'arrêter à cette idée que la sphère optique dont je viens de parler se représente en ses trois dimensions à la façon dont on la concevrait sur les trois plans d'un angle trièdre rectangle. On peut aisément imaginer un nombre indéfini de modes de représentation, un peu moins simples peut-être, mais plus conformes aux dispositions réelles, ou si l'on veut, probables, des instruments essentiels de l'âme et de la vie.

Un mouvement de *va-et-vient* sur une surface plane, mouvement rectiligne traçant des parallèles assez rapprochées, représente exactement sur cette surface, par un rythme simple inscrit sur ces droites parallèles, toutes les figurations planes possibles. Doublons ce système, nous réaliserons ainsi la représentation des deux *perspectives* par laquelle la vision des deux yeux nous fait pour ainsi dire toucher et posséder l'étendue et les corps qu'elle contient. Ajoutons que la vision des deux yeux n'étant jamais également intense, ni également distincte, l'origine des rayons émis par les objets visibles est toujours sentie. On peut s'exercer à chercher des modes variés de solution des problèmes partiels se rattachant à la question principale, je ne puis ici qu'en tracer les lignes générales et j'en ai assez dit pour montrer que la solution en est possible en des modes très divers.

Les divers rythmes reçus représentant un cas particulier de la sphère optique, un moment de la vision, peuvent tous s'inscrire sur une même longueur de la spirale-archée, sans se confondre, de même que les sons divers avec leurs harmoniques, et tout ce qui constitue leur timbre, s'inscrivent sur une même longueur de la spirale auditive pour former un accord et pour en donner à l'âme l'impression complexe et synchrone.

Aux esprits rebelles un instant à cette conception, je montrerais la question résolue autrement, par exemple au lieu d'une spirale ou hélice unique, j'en puis supposer trois ou davantage, un nombre immense si l'on veut, toutes rapportées au même point asymptote ; mais cela n'est pas nécessaire ; et tout géomètre conviendra qu'une courbe unique suffit pour expliquer la possibilité même des représentations à triple dimension de l'étendue fournies par la vision, par le toucher et par la locomotion.

NOTE VI

La spirale-archée

J'ai paru supposer la spirale logarythmique, organe essentiel de l'âme, faite d'une matière dure, pleine, sans élasticité, sans extensibilité, indéfiniment divisible, pour que tous les rythmes possibles puissent y être inscrits. Il s'agissait de faire voir la possibilité absolue géométrique et mécanique du souvenir éternel, même du souvenir intégral. Il fallait fixer la pensée sur une image simple. Dans l'atome, domaine propre de l'âme, atome-univers que je prends pour une réalité, cette fonction linéaire peut être représentée par des accumulations d'atomes intergravitants; et l'inscription des rythmes peut s'y représenter en des mouvements transmis à des atomes ayant l'inertie et la pérennité nécessaires à la fonction. Une série de perturbations dans la gravitation atomique jouerait assez bien le rôle essentiel.

La spirale ne serait plus alors qu'une ligne idéale,

un symbole ou plutôt un *schème* représentant la réalité non déterminée de la fonction. « Un ensemble de plusieurs corps intergravitants dans l'espace peut représenter un nombre indéterminable de relations rythmiques en des modes indéfiniment variés. »

(Ch. C.)

Je ne prétends construire rien de définitif ni d'absolu, ni d'immuable en sa forme ; mais représenter un ensemble de possibilités mathématiques ou mécaniques, ces simples possibilité détruisant, dans les idées comme dans les formules familières relatives aux causes cachées ou inaccessibles, soit l'outrecuidance des négations téméraires, soit la terreur du mystère antique, abusivement, fantastiquement ou provisoirement opposée à la libre et vaillante recherche de l'esprit.

NOTE VII

Le rythme, l'instant

Il faut appeler *rythme* tout ce qui dans les phénomènes, et, plus explicitement, dans toute manifestation dynamique, est en fonction du *temps*, abstraction faite de l'*espace*.

Nous le marquons par des divisions, il apparaît en des variations d'intensité aussi bien qu'en des interruptions d'action.

Le rythme est aux forces et à la durée ce que la configuration ou figure est aux corps et à l'étendue.

Il faut comprendre dans la configuration les disposilions intérieures ou la structure.

On donne le nom de *formes* plus particulièrement à des configurations présentant quelque régularité, quelques égalités de dimensions, ou des rapports harmoniques plus ou moins complexes, — cela pourrait commencer à la sphère ou au cube.

Le mot *eurythmie* peut désigner, dans l'ordre des rythmes, des conditions analogues. Ce mot, si bien employé par les grecs, est peu usité dans notre langue; le seul mot *rythme* a paru suffire; et je l'ai souvent substitué à l'autre, pour ne point trop m'écarter de l'usage commun.

« Le nombre est un cas particulier du rythme » (Charles Cros).

Il est l'exemple le plus simple d'eurythmie, consistant en l'*égalité* de ses *unités* élémentaires.

L'*instant* ou le *présent* n'est pas zéro, mais un infiniment petit de la durée, c'est-à-dire le plus petit que nous puissions concevoir. Et c'est dans cet infiniment petit que se passent tous les faits de notre conscience, que nous pouvons comparer, en les faisant simultanés, des éléments plus ou moins éloignés de rythmes antérieurement perçus, et avoir ainsi le sentiment de la durée. C'est dans cet élément infinitésimal du temps que nous trouvons d'un seul coup les ensembles de rapports complexes de figure et de mouvement d'où naît le sentiment de l'étendue.

Le zéro, comme le point, cas particulier géométrique de ce même zéro, n'est qu'une limite, dans l'esprit comme dans les choses; il n'est absolument rien en soi.

NOTE VIII

Principes et méthodes

Un rappel de principes nécessaires.

Rien ne vient de rien. Rien de ce qui est ne peut cesser d'être.

Possédons-nous une méthode générale méritant le nom de méthode scientifique ? Beaucoup de superstitions d'école sont nées de cette prétention.

Éliminer l'absurde ; réduire toute la matière à étudier à sa plus simple expression ; choisir parmi les relations innombrables que l'on peut apercevoir dans tout phénomène, celles qui ont une véritable importance, classer, mettre en série, coordonner, éviter les dénombrements imparfaits, etc. ; tout cela exige de l'art, du talent, du génie. Il n'y a point de route facile à tracer pour y parvenir. L'observation et l'expérience, c'est-à-dire la mise en rapport des choses et des êtres avec nous, et la multiplicatiou des mises en rapport des choses entre elles, des êtres entre eux et des êtres avec les choses, sont-elles des méthodes ?

Elles sont la source de toutes nos connaissances; mais pour voir ou concevoir les vérités, il faut les créer par la puissance propre de notre âme; de là les conjectures qui méritent le nom d'hypothèses quand elles s'appuient sur les faits, et quand elles ne contredisent en rien les évidences, les vérités antérieurement reconnues. Les hypothèses diverses, relatives à divers genres de faits ou d'idées comparables, lorsqu'elles se trouvent en parfait accord entre elles, doivent être considérées comme atteignant à la dignité de théories; et les théories, concordant avec tous les faits généraux que nous connaissons, et concordant aussi parfaitement entre elles, constituent ce que l'on peut appeler la vérité, en dehors des choses immédiatement sensibles et des évidences premières.

L'analyse et la synthèse, inséparables l'une de l'autre, ne sont que les deux manières principales de considérer les faits; elles ne sont pas à proprement parler des méthodes, mais des modes nécessaires du fonctionnement de l'esprit. Les prétendues méthodes exclusives les unes des autres qui en ont pris les noms, ne sont que des erreurs de fait et de langage, et ne peuvent conduire à rien ou à presque rien.

Il est un certain nombre de vérités évidentes, c'est-à-dire acceptées par une sorte d'acte de foi, et que nous ne mettons jamais en discussion. Nous les avons toujours sues. Telle est celle que nous venons de rappeler. Rien ne vient de rien, etc. Il n'y a point de doute qu'elles sont innées, dès qu'il est admis que notre âme ne commence pas à cette vie. Nous les avons en nous avec notre propre forme individuelle. Un scepticisme ayant la puérile audace de les contester, ne serait qu'un jeu pernicieux de l'esprit et une grave perte de temps. Faut-il se demander si la vérité est vraie, si les preuves prouvent quelque chose, etc.

Par contre, rien n'est dangereux comme d'avoir une foi trop grande en soi-même, une confiance extrême en son propre génie et de n'être pas constamment prêt à mieux examiner ce qui nous paraît être la vérité.

Chaque ordre de faits à étudier exige une méthode ou des méthodes spéciales, une instrumentation spéciale et des procédés divers et nombreux. Tout cela est à inventer sans cesse. Presque toujours les procédés de telle science ne peuvent servir à telle autre; mais lorsque nous étudions quoi que ce soit, gardons nous, sous prétexte de plus stricte rigueur, de n'accorder notre confiance qu'à un seul moyen, ou à quelques moyens bien éprouvés, en laissant dormir la principale puissance de notre âme, sans laquelle les vérités les plus importantes nous seraient à jamais cachées.

NOTE IX

La série ou période des univers

Cette idée de la grande période *entre un infiniment petit et un infiniment grand relatifs* s'impose à l'esprit comme une conviction, sinon comme une évidence immédiate, en des modes variés et nombreux.

Je l'ai déjà rappelé : la dimension absolue nous échappe ; et tout l'univers que nous connaissons peut tenir dans un atome, si toutes les proportions en sont gardées (MALEBRANCHE). Cela n'a pas, quant à *l'espace*, l'importance qu'on pourrait supposer. Au contraire quant à la *forme* et au *rythme*, (ensembles coordonnés de rapports dans l'étendue et dans la durée), cela démontre que la forme et le rythme bien que ne pouvant être conçus en dehors de l'espace et du temps, sont des modes généraux indépendants de toute dimension déterminée dans le temps ou dans l'espace.

Telle symphonie jouée par des instruments immenses en des durées de plusieurs de nos siècles, sera toujours la même symphonie ; telle statue, agrandie ou diminuée indéfiniment, sera toujours la même statue.

Cependant, il y a un absolu de l'espace ; en s'appuyant sur des raisonnements peu rigoureux, des philosophes ont vainement nié cet absolu de l'espace et même ce qu'on nomme peut-être assez mal « la réalité objective » de l'espace. Je dis *assez mal*, car l'espace n'est certainement pas un *objet*, mais le lieu, la condition d'être de tous les objets.

Si nous considérons seulement l'espace dans les trois ou quatre novemdécillons de mètres cubes d'étendue accessible à nos yeux, jusqu'aux limites confuses atteintes au moyen de nos instruments astronomiques, et, vers l'infiniment petit, jusqu'aux plus faibles dimensions aperçues et mesurées au moyen du microscope; et si nous y ajoutons ce que la théorie nous fait penser des lointains invisibles du monde moléculaire, si nous considérons cet intervalle pris sur la distance de l'infiniment petit absolu à l'infiniment grand absolu, il nous apparaît que la dimension n'y est pas et n'y saurait être indifférente. Les particularités que nous y remarquons nous présentent tous les caractères d'un terme de série à plusieurs zones; savoir :

La zone éthéréenne;

La zone atomique ;

La zone moléculaire;

La zone des infusoires;

La zone des êtres immédiatement accessibles à nos sens, y compris l'homme,

La zone des systèmes planétaires ;

La zone des nébuleuses lointaines ;

ou plus simplement :

— Le monde atomique;

— Le monde vivant ;

— Le monde astral.

Le monde vivant dont nous sommes le sommet, lui-même placé à de grandes distances entre le monde atomique et le monde astral, présente à notre observation un intérêt très supérieur en lui-même à celui que peuvent offrir les mondes extrêmes, les deux autres. Je ne parle pas ici de la curiosité scientifique attachée aux études microscopiques et télescopiques, laquelle a sa raison d'être dans les relations unissant les objets de nos études à notre progrès, à nos conquêtes sur la nature et à la connaissance de notre destinée.

Si nous prenons un microscope pour pénétrer dans la vie des êtres de très petite dimension, nous n'y trouvons rien de comparable à la complexité, à la variété, ni à la beauté des animaux dont les dimensions se rapprochent des nôtres. De même, lorsque nous étudions le ciel, malgré l'impression d'étonnement et d'admiration que nous causent ses « splendeurs », nous trouvons encore moins de complexité et de forme que chez les microbiens; et l'analogie nous porte plutôt à comparer les évolutions astrales à ce que l'observation et l'expérience nous ont fait imaginer du monde invisible des atomes , à ce que nous trouvons dans les théories concordantes de la physique et de la chimie.

Cette grande période, ou plutôt ce terme de série, est-ce la totalité de ce qui existe? Il ne nous est pas possible de nous arrêter à cette idée.

Tous les êtres que nous voyons naître, s'accroître et disparaître dans la mort autour de nous, viennent d'un germe. Or, un germe contient virtuellement ou réellement un autre germe, celui-ci un autre, ce dernier un autre encore, et ainsi de suite indéfiniment jusqu'à jamais. L'idée de la vie au point de vue de la reproduction des êtres est donc inséparable de l'infinité de ses origines, sans qu'il soit possible de s'arrêter même au monde atomique, base primordiale de la structure de notre matière et des corps occupant l'espace dans notre univers. Si cette base primordiale est de toute nécessité, nous ne pouvons nous empêcher de voir en ces atomes, se mouvant dans l'éther, un simple cas particulier de l'atomicité.

L'éther lui-même est composé d'atomes d'un ordre tout différent, eux-mêmes se mouvant dans un autre éther, et ainsi de suite, jusqu'à jamais. Impossible encore de ce côté de rien arrêter à une limite quelconque, et de ne pas voir le développement d'une série. Pour ce qui est du monde stellaire, devons-nous le considérer comme sans limites dans l'espace, et consistant en ces tas de poussière lumineuse, répandus çà et là et toujours, sans formes, sans arrangements, sans destinations d'ensemble ?

Supposons un espace vingt fois, mille fois, n fois plus grand que les espaces célestes sentis, si non mesurés par nous, et constituant la totalité de notre univers. Si je dis que c'est un espace atomique et que l'atome ainsi formé par notre univers appartient à un nouvel ordre d'atomes formant un autre univers, je demeure dans les données de l'analogie parfaite, au nom de laquelle nous avons admis la série atomique indéfinie du côté de l'infiniment petit, difficile à croire close au bas de l'univers que nous connaissons.

Si j'étonne ainsi le sentiment mal préparé, je ne dis rien qui ne soit absolument conforme à la raison la plus rigoureuse.

NOTE X

L'Absolu

Ce mot *absolu* prête à certaines confusions de langage importantes à éviter.

Rechercher l'Absolu, comprendre l'Absolu avec un grand A : expression absolument dénuée de sens.

L'*Absolu* ainsi noté signifie : Ce qu'on ne saurait saisir, ni chercher, ni atteindre. Ce qui se constate seulement et à peine, ce qui est caché au fond de toutes choses. On dit aussi quelquefois la *Substance*.

Il y a d'autres *absolus*, ou du moins ce mot représente autre chose. Nous ne pouvons toujours pas les saisir, mais nous les constatons en des points de vue partiels.

On peut démontrer qu'il y a un absolu du temps et de l'espace, contrairement à ce que soutient une école philosophique. Enfin, il y a des absolus que nous pouvons comprendre; et c'est parce que nous les comprenons absolument, que nous les appelons absolus.

16

Telles sont toutes les vérités mathématiques bien dégagées, en face desquelles nous ne pouvons conserver
l'ombre de l'ombre d'un doute.

Les trois angles d'un triangle équivalent à deux
angles droits. Il y a seulement cinq polyèdres *réguliers*
(étant donnée la définition) et sept en y comprenant les
deux à angles trièdres saillants (polyèdres étoilés).

Le côté du carré et sa diagonale sont en un rapport
incommensurable, etc. etc.

L'opération de l'esprit, consistant à rendre évidents
tous ces absolus, se nomme en logique mathématique
la *démonstration*.

Toutes nos sensations sont des absolus de la conscience. Toute beauté est un absolu.

Tous les rapports nettement conçus sont des absolus. Exemple : Il faut qu'une porte soit ouverte ou
fermée. Beaucoup de ces absolus font rire, même, à
cause de ce caractère d'absolu paraissant mis en doute,
par cela seul qu'ils sont énoncés : Le Monsieur de la
Palisse, d'une chanson célèbre, n'étant pas chez lui,
il est certain qu'il est dehors. « A est A, et ne saurait
être non A ». C'est par la notion claire de ces absolus que nous distinguons dans ce que peut exprimer

la parole, le possible de l'impossible , ce qui est réel de ce qui est illusoire.

Mais la vérité *absolue* !

On entend par ces mots toute la vérité en toutes choses, la certitude sur tous les points, la réponse à tous les pourquoi. La possession de tous les infinis, que sais-je ?

La *vérité* pour l'homme et pour tous les dieux — l'impénétrable Dieu total et absolu étant mis hors la question — n'est et ne sera jamais que la concordance parfaite et évidente de toutes les théories construites en présence des faits, en vertu de règles vérifiées et certaines, relatives à ce qui ne nous est pas directement ou immédiatement accessible.

———

NOTE XI

Ce qui est matériel et ce qui ne l'est pas.

La distinction entre le matériel et l'immatériel est encore bien confuse dans les esprits. Cette confu-

sion est souvent entretenue ou aggravée par les op-
positions entre sectes toutes différentes, on peut même
dire ennemies. C'est ainsi que les sens (pures facultés
de l'âme, éléments irréductibles de la conscience) sont
encore par quelques-uns attribués à ce qu'ils nomment
la *matière !*

Par contre, dans le camp de leurs adversaires, on
prend le cerveau pour l'*organe de l'intelligence;* et on
entend par cela, non qu'il est un organe de l'intelligence, comme l'œil ou la main, ce qui serait trop peu
dire en cette façon de parler, mais l'*organe qui produit
l'intelligence* à peu près comme le moulin fait de la
farine.

Les preuves expérimentales ou cliniques abondent
contre cette allégation. Si on entend par l'intelligence
la faculté unique et très haute caractérisant l'être lui-
même, la personne, que je nomme *âme, puissance,*
ou *dieu,* faculté appelée aussi, suivant les angles sous
lesquels on la considère : conscience, coordination,
imagination, raison, etc. Tout démontre qu'elle se
manifeste *en totalité,* et qu'elle disparaît de même, et
qu'on ne saurait voir s'effacer l'une de ces facultés
prétendues distinctes sans que toutes les autres dispa-

raissent du même coup. Si l'une s'affaiblit ou paraît s'affaiblir, toutes s'affaiblissent dans la même proportion.

Je ferai cependant une place à part pour la volonté qui représente le côté dynamique indispensable de la manifestation de la personne. Mais le cerveau dans toute son étendue ne représente rien de pareil. On n'y a jamais trouvé jusqu'à présent, et *on n'y trouvera jamais* qu'une immense collection d'appareils enregistreurs de mouvements coordonnés, dépôt du travail fait par l'être au moyen de son corps, depuis sa naissance, et des souvenirs — assez fugitifs — de la même période accomplie, c'est-à-dire des rythmes sensoriels enregistrés. Tout cela constitue ce qu'on nomme les facultés spéciales. La locomotion et tous ses actes spéciaux, la vision et l'audition considérés dans leur activité volontaire, le langage, l'écriture, le jeu de tous les instruments, le maniement de tous les outils, etc, c'est ainsi que nous portons en notre cerveau les traces utiles des efforts de notre vie et le reflet plus ou moins distinct du monde où nous vivons. Toutes ces choses peuvent totalement ou partiellement disparaître suivant que telle ou telle partie du cerveau est lésée ou détruite.

L'intelligence se manifeste par un caractère unique en comprenant, il est vrai, beaucoup d'autres au point de vue d'une analyse toute verbale. C'est le *pouvoir créateur*. Les cellules cérébrales lui tiennent en réserve tous les rythmes inscrits sur lesquels il s'exerce ordinairement, mais aucune d'entre elles ne le contient, aucune isolée ne pourrait le manifester. Je ne parle pas ici de la cellule où siège l'atome domaine spécial de l'âme, et dont on ne connaît pas encore *exactement* la place dans le cerveau. Descartes avait proposé la glande pinéale avec une théorie curieuse mais insoutenable de son fonctionnement. Cette glande ayant manqué, dit-on, chez certains individus, la conjecture de Descartes en a été ruinée. Cependant le lieu réel probable du centre intellectuel n'est pas loin de celui que le grand philosophe lui avait assigné. Rien ne s'oppose à ce qu'il soit plus rigoureusement déterminé dans un avenir prochain.

Leibniz a dit quelque part, que l'esprit (pour si absolument pur qu'on le conçoive) ne saurait être conçu sans l'accompagnement nécessaire d'une certaine quantité de *force* et de *matière*. Les hypothèses ici présentées répondent à ce postulat de Leibniz en le complétant[1].

Nous distinguons de la matière, la force et le mouvement, bien que nous ne puissions les concevoir à part et isolés. Nous constatons ainsi l'âme, bien que perpétuellement inséparable et de la force et de la matière, ou si l'on veut de la matière en mouvement. Le mouvement est-il donc pour cela matériel ? Nullement, à moins qu'on entende le distinguer par ce mot de sa représentation mentale. La forme et le rythme sont absolument *immatériels* dans la même acception propre du mot. Et tous les rythmes dynamiques affectant nos sens : rythmes dans l'air pour les sons, rythmes dans l'éther pour la lumière, n'ont en eux-mêmes rien de matériel, car il ne s'agit pas de l'air ni d'un autre gaz où se produisent des vibrations so-

---

[1] Cette idée a été exprimée plus d'une fois, bien avant Leibniz. En voici un curieux témoignage : « .....Ayant traversé ce domaine de Vichnou, nombril de l'univers, seul avec son âme pure et *réduite à la forme d'un atome*, il entra dans le monde de ceux qui connaissent Brâhmâ. » (Bhâgavata Purâna, traduction Burnouf, stance 25, page 213.)

nores, mais de ses mouvements constituant les sons, ni de l'éther, matière subtile mais réelle, mais des mouvements constituant la lumière.

Le son et la lumière sont donc par nature ou par essence absolument immatériels. L'âme immatérielle n'est donc affectée que par des choses immatérielles, formes et rythmes, et comme les formes ne lui parviennent qu'à l'état de rythmes, on peut dire en un mot qu'elle n'est jamais affectée que par le *rythme*, et qu'elle ignore la matière, laquelle ne lui est que très médiatement révélée, comme la force, par l'étude et la réflexion scientifique.

L'idée des milieux extérieurs et de tout ce qu'ils contiennent ne lui vient donc que du rythme. Elle reçoit les modes innombrables de ce rythme, et, comme elle a, par nature, le pouvoir de créer aussi des rythmes, il n'y a aucune incompatibilité entre ce qu'elle reçoit et ce qu'elle a en elle-même. La force et la matière ne sont que des moyens de communication du rythme; mais comme elle possède la matière et la force en son domaine propre jusqu'à l'infiniment petit situé à jamais, il est très simple d'admettre cette communication, cette transmission des rythmes venus du dehors aux centres nerveux, et sans difficulté ni interruption, des centres nerveux à l'âme en son domaine atomique.

Quant à son pouvoir de rythmer des forces et de produire ainsi des créations en mode rythmique ou morphique, nous ne pouvons que le constater sans l'expliquer, car l'expliquer serait le comparer à autre chose, et il n'est rien dans la réalité de comparable en quoi que ce soit à ce fait.

Nous ne pouvons mettre en regard ce pouvoir dans ces résultats qu'avec la création de l'univers où nous habitons (l'œuvre de Dieu, disent les uns, l'œuvre de la Nature, disent les autres) et reconnaître l'identité de nature de ces résultats. Nous résumons cette induction ainsi : Tous les êtres sont des puissances créatrices de divers degrés, la création de notre monde ne peut être attribuée qu'à un être de même nature mais d'un haut degré de supériorité par rapport à l'homme.

NOTE XII

L'âme et le cerveau. L'être et le monde extérieur

Il importe de rappeler ici ce que j'ai amplement exposé déjà dans mon traité des *Fonctions supérieures* relativement au rôle du cerveau dans les phénomènes de la pensée, et de mieux déterminer en peu de mots ce rôle, s'il est possible, relativement à celui de l'âme, de l'être conscient lui-même. Toutes les impressions des forces physiques sur les appareils des sens chargés de les recevoir sont portées à un premier centre (couche optique) où naissent, par leur concours, les conceptions actuelles ou sensorielles de l'ordre périphérique, ce qu'on nomme pour le département de la vision, les *images*, et qu'on peut nommer ainsi par extension pour tous les autres départements de la sensation.

Chacune de ces images constituées par un système de cellules affectées, va se représenter en mode de sensations cérébrales (sensations-souvenirs) dans un système de cellules corticales. Là, l'inscription sur chaque cellule, au lieu d'être fugitive comme dans le premier centre, est recueillie exactement comme dans un appareil enregistreur — et cela se fait par un dispositif et par un mécanisme semblable à celui des appareils de ce genre en usage aujourd'hui dans la science et dans l'industrie, de même que pour le centre précédent, mais avec cette différence qu'elle y est gardée, et qu'elle pourra sous l'influence d'une excitation dynamique déterminée, être ressuscitée telle qu'elle a été reçue.

C'est la fonction du souvenir et de la récordation.

C'est par ce mécanisme simple qu'on peut expliquer le retour en notre conscience des innombrables images disparues, ou plutôt passées à l'état latent, constituant l'acquis de la mémoire organique.

Ces images cérébrales revivifiées, comme les images immédiates ou périphériques, sont transmises au point central, siège de la conscience et de l'âme, et les unes comme les autres appartiennent au monde *extérieur*, car l'encéphale n'est pour l'âme qu'un monde extérieur avec lequel elle est plus directement en rapport, en rapport plus immédiat qu'avec les objets et les forces des milieux où nous vivons.

Tout cela exigerait d'assez longs développements et des démonstrations dont la place ne peut être ici. Qu'il me suffise de noter que depuis l'année 1875, date de la publication de mon livre, un grand nombre d'expériences ont été faites, dans tous les pays où la physiologie expérimentale est en honneur, dans le but de localiser les fonctions cérébrales, et que rien dans ces expériences n'est venu porter atteinte à la théorie proposée et défendue dans le traité des « *Fonctions supérieures du sytème nerveux* ».

Actuellement je vais chercher à bien délimiter le rôle du monde cérébral bien plus considérable que ne le supposent les philosophes de l'école dite spiritualiste, moins étendu cependant qu'on ne le croit parmi les adversaires de cette école.

Sauf une réserve nécessaire sur l'activité présente de l'être ou de l'âme en tous les mouvements cérébraux, je dirai que dans les cellules rattachées entre elles et communiquant par groupes au moyen de nombreux systèmes de fibres commissurantes, il se passe d'autres phénomènes encore très importants à considérer.

Telle est la formation des imagés réduites et comme

effacées par confusion de plusieurs images précises des objets semblables, dans une couche spéciale de cellules. Cela constitue les idées générales ou abstraites, dont la formation est tout organique. Puis l'inscription en certaines cellules du travail de l'âme sur le cerveau. Telle est la production des êtres de raison formant le monde de l'abstraction pure. Le souvenir de ces actions se marque par un *mot*, soit parlé, soit écrit, toute image ayant disparu ; mais ce mot représentant toute l'idée donne à l'âme, en lui rappelant ses mouvements antérieurs, le sentiment des origines sensorielles de l'idée abstraite, et représente ainsi tout le *concret* antérieur sans le contenir. C'est sur de telles impressions que l'être opère lorsqu'il pense en mode abstrait.

Lorsqu'un groupe de cellules se trouve réveillé sous l'influence de la volonté (action dynamique dirigée par l'âme) le mouvement qui s'y produit réveille de proche en proche d'autres cellules suivant qu'elles se sont trouvées mises en rapport les unes avec les autres par les actions antérieures. C'est l'association des idées, fonction tout organique.

Ce même phénomène ou un phénomène semblable

se produit lorsque les cellules cérébrales reçoivent l'impression d'un fait complexe rattaché par l'homme à des sentiments de l'ordre moral, de telles impressions mettent en jeu un nombre immense de cellules et vont retentir au loin jusqu'aux ganglions viscéraux, où naissent les sensations spéciales propres à l'ordre des sens affectifs. De là les émotions et les passions, phénomènes tout organiques, tout organiques, bien entendu, au point de vue de leurs origines et du mécanisme qui les produit, tout psychiques, au contraire, au point de vue de la conscience que nous en avons.

On comprend qu'un encéphale, plus exactement tout un système nerveux, ayant subi des impressions multiples ne subira pas les actions nouvelles comme si rien ne s'y était déjà produit. Il se formera des combinaisons de rythmes analogues aux combinaisons étudiées en chimie. Les harmonies de sons, de couleurs et de formes n'agiront pas de même sur tous les êtres — sans parler de leurs dons natifs — mais les impressions en seront plus ou moins complexes et pofondes suivant l'insuffisance ou la supériorité de l'éducation artistique de chacun d'eux.

Certains philosophes, épicuriens modernes, se tar-
guant hautement mais faussement de représenter la
science, ayant conçu quelque idée confuse de ces
choses, se hâtent de conclure que c'est le mécanisme
cérébral qui *fait la pensée* par une sorte de sécrétion,
disent plusieurs, par combinaison, disent quelques-uns,
par une sorte de fermentation, disent quelques autres.

L'action accumulée de deux ou de plusieurs rythmes,
s'inscrivant sur les mêmes appareils récepteurs organiques, est facile à comprendre, ainsi que les reten-
tissements lointains de telles actions. Et nous pouvons
nous en former une idée très claire. La physiologie au
contraire nous donne jusqu'à présent, sur le mécanisme intime des sécrétions, des idées très insuffi-
santes.

Ce que nous savons des fermentations ne comporte
aucune application au sujet, et les combinaisons chimiques, bien étudiées en fait, sont peu connues en
leurs causes spécifiques. Il ne faut donc pas vouloir
s'expliquer ce qu'on ne comprend pas bien par ce
qui est plus insaisissable encore.

Les vues exposées ou rappelées plus haut, sur le
fonctionnement cérébral nous expliquent bien des

choses : souvenir, récordation, association des idées, formation des idées abstraites ; mais tout cela ne saurait exister sans la conscience.

Là conscience est le propre de l'âme ; et aucune conception mécanique n'en peut faire concevoir l'apparition. Il y a un abîme infranchissable entre ce fait et tout ce que le génie humain peut considérer comme dépendant d'un arrangement possible, géométrique ou mécanique.

Or la concience est l'un des noms donnés à l'unique faculté de l'âme, à sa fonction souveraine de coordination, de création. L'âme conçoit parce qu'elle crée. Les rythmes reçus du monde extérieur, et plus ou moins modifiés par le merveilleux organisme nerveux, ne sont point perçus à l'état de rythmes mais à l'état de *sensations*.

Des philosophes admettent que l'âme est passive dans le fait de la sensation. Je la tiens, en cette fonction, pour aussi active qu'en toutes celles qu'on peut remarquer en elle et désigner par d'autres noms. Mais son activité ne peut être contestée dans les cas où on voit naître des rapports imprévus dans un ensemble d'images sensorielles, et c'est par là qu'elle crée des

rythmes nouveaux et des formes nouvelles, grandis-
sant, diminuant, transposant, modifiant, de toute manière et à son gré, ce que lui gardent les cellules du
monde cérébral.

C'est en cela que consiste la pensée. Telle est
l'imagination, la raison, l'intelligence — noms divers
donnés à une même chose. C'est la faculté de créer,
sans laquelle on ne concevrait pas la faculté de comprendre.

Par quel mécanisme l'âme exerce-t-elle sa haute
fonction? Elle met en jeu la dynamique cérébrale
laquelle commande à tout l'organisme, et elle le peut
en agissant par de très faibles proportions de la force
qui lui sont données en son domaine propre. Elle le
fait en dirigeant les distributions de cette dynamique
cérébrale, comme par déclanchement. C'est à peu près
ainsi que l'aiguilleur sur un embranchement de voies
ferrées fait avec peu d'efforts passer le poids formidable du train en marche, sur l'une ou sur l'autre
voie à son gré.

17

NOTE XIII

Le meilleur des mondes possibles

Une des plus belles conceptions philosophiques est contenue en ce fragment de phrase de Leibniz : « le meilleur des mondes possibles. »

Laissons de côté le sens de la phrase entière. Cela veut dire qu'il y a une infinité de mondes possibles correspondant à l'ensemble total des fatalités.

Pour les fatalistes, il n'y a de possible qu'un seul monde, celui qui existe.

Le génie mathématique de Leibniz l'a gardé de tomber dans cette immense erreur. Et dès lors, la fausse doctrine nommée fatalisme est à jamais renversée.

J'ai traité déjà cette question en mon traité des *Fonctions supérieures du système nerveux*, à d'autres points de vue, et en mettant en œuvre d'autres arguments. Il ne me semble pas indispensable de reproduire ici les développements assez amples de cette étude, qui seraient hors de proportion avec l'ensemble du présent livre.

NOTE XIV

La raison de l'être et de l'existence

Pourquoi y a-t-il quelque chose?

Cette question demande à être d'abord traduite.

Qu'a pu vouloir dire le premier homme qui se l'est posée? Quelque chose comme ceci:

Pourquoi la création et pourquoi moi-même?

Je dirai:

Il y a les êtres et la création.

Il y a tout au moins l'Être ou la Cause.

Il y a tout au moins la création.

Une conscience ne peut exister, en tant que phénomène, qu'à la condition de percevoir simultanément diverses sensations, c'est-à-dire des manifestations rythmiques ou morphiques comportant l'idée de mouvement, d'étendue et de durée.

Si l'Éternel-Absolu (la Cause ou l'Être) existait ou plutôt *était* seul en son infinitude, en son absolu, en son éternité, sans aucune condition de différenciation, il serait la confusion parfaite universelle, l'immobilité totale, l'inconscience indéfectible, il serait identique au *néant*.

A serait égal à non A.

Donc, de toute nécessité et à jamais, il faut que la création *existe*.

Il faut qu'elle existe par l'harmonie et par le hasard, par l'affirmation et par la négation, par la joie et par la douleur, par l'amour et par la haine, par les commencements et par les fins, par les incarnations et par les morts, par la structure et par la destruction, par la sériation infinie des âmes et des univers. Il faut que la création comme sa cause soit infinie dans la durée et dans l'étendue, bien que chacune de ses manifestations soit finie dans le temps comme dans l'espace. Il faut aussi le recommencement de tout dans le rythme éternel.

Sinon A serait égal à non A, ce qui serait le contradictoire, l'impossible, l'absurde.

Je manquerais à un double devoir si je ne citais pas ici le livre de mon père, S. Ch. Henri Cros, qui fut mon premier maître, bien que mes idées les plus essentielles aient différé profondément et de plus en plus des siennes. Dans ce livre (*la Théorie de l'homme intellectuel et moral*, Paris, 1837, 1842, 1850), il dit que la conscience — identique pour lui à la sensation — ne se peut comprendre sans la comparaison continuelle que fait le moi en son unité « de *plusieurs passés successifs* ».

Qu'il me soit permis de traiter ici, à ma façon, cette question, qui se délimite et s'éclaire mieux en présence des hypothèses présentées.

Toute perception consciente, c'est-à-dire toute sensation ou groupe de sensations se fait en nous dans une durée. C'est, disent quelques auteurs, dans un *instant rapide*, ce que l'on nomme le *présent*, mais cet instant est un élément infinitésimal de la durée, et non pas un zéro marquant le passage du passé à l'avenir. Rien ne peut être ni exister dans le zéro du temps pas plus que (pour ce qui est de l'espace) dans le point mathématique, car ces pures *limites* ne peuvent rien contenir.

Les « plusieurs passés successifs » dont parle l'auteur de la *Théorie de l'homme* sont donc rigoureusement nécessaires, et peuvent être pris pour existant dans une durée infiniment petite ou quasi-infiniment petite. Si cela est vrai pour un *rythme*, à plus forte raison devrons-nous l'admettre pour une *forme* qui n'arrive au *sensorium* qu'à l'état de rythmes complexes, simultanés et sucessifs, pour être reconstituée ensuite en son unité synchronique.

Ces « passés successifs » sont perçus *synchroniquement* au moyen des traces plus ou moins anciennes qui les représentent dans les cellules cérébrales affectées. Cela n'empêche pas que, pour les percevoir comme *successifs*, un élément de durée, tout au moins infinitésimal — un instant — ne soit nécessaire ; et c'est seulement ainsi que le *temps* est perçu par le *moi*, et comme immédiatement saisi, à l'occasion de la moindre impression sentie. L'espace est perçu de la même manière avec les groupes de rapports sensoriels comprenant les trois dimensions.

Ceci étant donné, il est bien difficile de comprendre quel pourrait être le *commencement* d'une conscience qu'on supposerait tirée du *néant*. A partir du zéro primitif, il y aurait une durée (aussi faible qu'on le puisse admettre) absolument vide de toute impression, et dans laquelle par conséquent la conscience n'aurait pas pu s'établir. Il en serait de même à la deuxième, à la troisième division du même ordre, exactement comme au zéro initial, et ainsi de suite et à jamais.

Mais pendant le sommeil ou la syncope, dira-t-on, la conscience n'est-elle pas *abolie* un laps de temps relativement considérable, pour ressusciter ensuite ? Cette objection ne tient pas. Si l'on considère la complexité de la conscience humaine, le temps écoulé est comme nul, et les impressions d'après se rattachent naturellement à celles d'avant dans la permanence du *moi*, lequel évidemment n'a pas été anéanti pour être de nouveau tiré de rien. Et qui pourrait affirmer l'absence *totale* d'impressions pendant la syncope ou pendant le sommeil ? N'est-il pas certain, au contraire, que ce n'est qu'une apparence ; et qu'une conscience subsiste là, réduite, il est vrai, à ce qu'on la peut supposer chez les infusoires ou chez d'autres animaux inférieurs.

Quelle que soit la valeur de ces raisons et de bien d'autres qu'on y pourrait joindre, sans les préjugés répandus par l'éducation intellectuelle commune, la plupart des hommes capables de méditation attentive sentiraient directement en eux-mêmes et comme par une sorte d'instinct clairvoyant qu'ils n'ont jamais pu commencer et qu'ils ne finiront jamais.

NOTE XV

La Monadologie de Leibniz.

Avant de livrer à l'imprimeur les premières pages de ce travail, je viens de lire, par acquit de conscience, le traité de Leibniz appelé la *Monadologie*. Je ne connaissais ce traité que par ouï-dire. J'écris cette note sous l'empire de la vive admiration qu'il m'a inspirée.

Lebniz est un vrai savant, et par conséquent, un vrai philosophe, et non de ces littérateurs prétendus philosophes qui noient, dans les ornements de leur prose, une incorrecte logique s'exerçant à peu près uniquement sur des mots, et dont les fautes énormes ne peuvent facilement apparaître aux yeux de leurs lecteurs, de même qu'elles se sont dérobées tout d'abord à leurs propres yeux.

Bien des points m'ont paru faux et beaucoup d'autres contestables dans la théorie monadique, à cause de plusieurs idées préconçues qui n'en ont pu être écartées. De véritables dangers auraient menacé l'auteur s'il avait osé s'en affranchir. Partout cependant, il raisonne comme un mathématicien. Partout il fait effort pour éliminer l'absurde, et en dépit de ses erreurs nombreuses et graves, la profondeur vaste de ses conceptions vous charme autant qu'elle vous étonne.

La Monadologie est un des livres qu'il faut lire, lorsqu'on s'intéresse aux questions réellement importantes, aux conceptions dignes d'occuper les esprits qui ne se sont pas fermés à la pensée haute, par une abdication volontaire trop souvent prise pour de la sagesse. Je constate avec quelque fierté des rapports nombreux entre les tendances et les préoccupations de ce pur génie, et celles qui m'ont conduit à construire, à coordonner et à développer l'ensemble d'hypothèses exposé dans le présent écrit.

Les monades admises par Leibniz sont à peu près ce que j'ai appelé âmes, puissances, êtres, dieux. Il les considère comme inétendues, comparables par conséquent au point géométrique qui est dans l'espace, mais n'occupe nullement l'espace. En cela, quoiqu'il en dise, il ne les fait pas images de son Dieu qui occupe tout l'espace. Il ne peut dès lors s'expliquer l'action qu'elles exercent les unes sur les autres, et, par suite, sur tous les faits de l'univers, sans introduire une conception ingénieuse — *l'harmonie préétablie* — au fond nullement justifiée.

On peut me dire qu'en supposant toute âme en possession d'un espace avec les forces et les éthers, et les atomes compris dans cet espace, je n'explique pas davantage son action sur les forces mouvant les atomes dans les éthers. Cette action est de toute nécessité. Elle ne s'explique pas. C'est un fait initial ne relevant de rien autre que nous connaissions, et servant lui-même à nous expliquer ce qui dans tous les autres faits, est directement accessible, tangible ou visible.

Les âmes ou puissances gouvernent les forces.

Les forces meuvent les atomes ou les corps.

Les atomes ou les corps servent comme points d'inertie, à constituer des équilibres plus ou moins stables sur lesquels les univers sont construits. Comment les âmes agissent-elles sur les forces ? Nul moyen de le savoir. Comment les forces meuvent-elles les atomes ou les corps ? Nous l'ignorons également, et cela ne paraît pas rentrer dans l'ordre des choses qui peuvent être sues. Comment les atomes — laissons les corps pour un moment — exercent-ils leur fonction d'inertie ?

A ceci, je puis répondre : par l'impossibilité de s'anéantir ou de se détruire les uns les autres, et par les points de résistance qu'ils s'opposent dès lors l'un à l'autre.

Mais pourquoi ai-je donc l'audace d'affirmer l'existence réelle des forces ou de la force et des puissances ?

Je n'ai en cela nulle audace.

Le mouvement ou changement de rapports des corps ou des atomes dans l'espace, me révèle une cause particulière *inconnue*, si ce n'est par cette propriété. — Je nomme cette cause la force.

Je constate que la force m'apparaît en certains faits comme coordonnée et concourant à la formation de rythmes ou de formes, je dois marquer par un signe la cause *inconnue* de ce phénomène général et qui ne m'est révélée que par lui, je lui donne le nom de puissance ou d'âme, etc.

Je ne m'écarte pas un instant, en cela, de la pure induction expérimentale et scientifique.

Ensuite, guidé par certaines idées préconçues, très répandues dans les esprits et formant comme le fond commun de toutes les croyances humaines plus ou moins scientifiques ou religieuses, j'ai cherché sous quelles conditions ces entités pouvaient expliquer le monde visible, les réalités plus ou moins accessibles aux sens ou à l'esprit dont s'occupent les sciences, et résoudre les grands problèmes de notre origine et de notre destinée. J'ai employé pour cela dans la mise en ordre de mes *inventions*, la méthode vulgairement appliquée en mathématiques consistant à *supposer le problème résolu*, où la démonstration résulte de la discussion rigoureuse des artifices de construction commandés par l'hypothèse.

J'ai reconnu alors que la plupart des grands problèmes, des postulats de l'esprit humain, se trouvaient ainsi résolus, d'une façon inattendue, — formidable quelquefois, pour l'esprit, qui s'étonne toujours de ce qui lui apparaît pour la première fois, — mais strictement rationnelle. En cela, j'ai dû me contenter de solutions comprenant les questions seulement en leurs lignes générales, les points de détails pouvant toujours être repris en sous œuvre, et trop nombreux pour pouvoir être traités par un seul homme dans le cours d'une existence terrestre.

Voilà ce que j'ai voulu faire, voilà ce que je crois avoir fait. L'ai-je fait réellement ? L'ai-je bien fait ? N'ai-je pas laissé l'absurde se glisser çà et là dans mes formules, et au point de renverser tout l'ensemble du

système — car c'est un système — et toute vérité, ne
peut être qu'un système?

C'est ce que d'autres me démontreront peut-être,
si moi-même je n'ai pu m'en apercevoir.

Mais si, au contraire, cet ensemble d'hypothèses
demeure conforme à la vérité connue, algébrique, géométrique et mécanique ;

Si l'absurde ne s'y rencontre nulle part ;

Si plusieurs questions auxquelles je n'ai pas pensé
y trouvent encore des solutions imprévues ;

Il faudra bien qu'on le regarde comme l'expression
de la vérité.

Je n'espère même pas tant, il me suffit d'avoir représenté, au moins *symboliquement* le plus important
des possibles, et d'avoir mis sur la voie d'autres
chercheurs (comme aurait pu le faire Leibniz), lesquels trouveront, de ces possibles, de plus exactes,
de plus claires et de plus complètes représentations.

NOTE XVI

*L'une des origines de l'ensemble ou système d'hypothèses
présenté en ce livre*

En lisant Leibniz — je ne dis pas en *relisant* — car
le peu que j'en avais lu dans ma prime jeunesse n'est
pas à compter, je m'aperçois que toute mon hypothèse
n'est en grande partie que l'application au problème
de la destinée et à la constitution de l'univers, des
idées qui ont dirigé Newton et lui dans la découverte
du calcul différentiel. Savoir : les séries d'infiniment
petits d'ordres différents, les uns infiniment petits par
rapport aux autres.

Les devoirs de ma profession, et les divers travaux
qui se sont emparés de mes heures, m'ont forcé, depuis bien longtemps, de négliger les sciences mathématiques ; mes études en sont demeurées ainsi imparfaites et trop écourtées ; mais j'en ai gardé
quelque peu de *quintessence*, très utile souvent dans
les recherches scientifiques de tout genre. J'avais

pour le calcul infinitésimal très vaguement entrevu et *nullement pratiqué*, cette sorte de respect fondé sur l'utilité pratique reconnue et sur la rigueur incontestable de ce calcul, et, par suite, cette admiration par acte de foi universel qui fait perpétuellement vivante la gloire de Leibniz et de Newton.

Je ne veux pas ici me prévaloir de mon ignorance, même pour m'attribuer je ne sais quel mérite d'inventeur, dépassant de beaucoup, sans aucun doute, celui de bon mathématicien. Je dis la vérité croyant nécessaire de la dire, car il est toujours important de savoir comment une idée nouvelle a pu naître et se développer dans l'esprit d'un homme. Et toute erreur à cet égard est plus fâcheuse, à mon avis, qu'on ne paraît le supposer.

Or, en construisant mon hypothèse, je n'ai pu nettement penser — si peu instruit que j'étais — à cette idée de Newton et de Leibniz; et ce n'est que très tardivement qu'un soupçon m'est venu d'un rapport possible entre cette notion mathématique et l'ensemble de solutions successives formées en mon esprit, en présence d'études d'un ordre tout différent. Ce soupçon est maintenant devenu certitude.

C'est bien de cette superbe théorie, dont j'avais au fond de la conscience, comme un écho lointain, que mon hypothèse est née.

Comme tout le monde, je croyais que la suite de conceptions mathématiques du calcul différentiel, dont il est si bien tiré parti en des opérations variées, n'était qu'un puissant artifice de langage, mettant en œuvre de simples virtualités et rien de plus. Je me trouve donc aujourd'hui en présence d'une concordance très remarquable et très inattendue ; et je ne puis m'empêcher d'admettre comme probable que cette suite de conceptions exprime la *réalité* même, je ne puis m'empêcher tout au moins d'y rencontrer une image symbolique de cette réalité, puisque l'appliquant sans le savoir aux questions qui m'ont préoccupé, j'ai pu trouver les raisons de la naissance et de la mort, déterminer, en des *possibles*, le fait de l'éternité des âmes, enfin comprendre la nature des atomes et la constitution sériaire des univers.

Je dis au lecteur ces choses comme je les vois en ce moment dans une demi clarté. Peut-être pourrais-je les éclairer plus tard d'une lumière plus vive.

APPENDICE

J'en étais resté là de ces notes, ne sachant si j'y ajouterais ou non quelque chose, et j'avais écrit entièrement un autre travail ayant pour titre *Le milieu cosmique*, où j'avais traité plusieurs questions de physique générale qui s'étaient présentées souvent à mon esprit à l'occasion des études d'une sphère plus étendue, et dont les résultats sont, de mon mieux possible, consignés dans le présent livre, lorsque je lus, dans le numéro du 15 août de la *Revue des Deux-Mondes*, un article de M. Renan, où je constatai, non sans quelque étonnement, une conformité de vues parfaite, entre cet auteur célèbre et moi, pour ce qui regarde la constitution atomique de l'univers ou plus exactement des univers.

Voici ce que dit sur cette question M. Renan :

« Et quand il serait sûr que l'espace rempli de soleils est sans limites, s'ensuivrait-il qu'il n'y a pas d'autres infinis d'un ordre supérieur ou inférieur ? Le calcul infinitésinal ne roule assurément que sur des formules ; mais ces formules sont des symboles frappants. Il y a des ordres divers d'infini dont les inférieurs sont zéro à l'égard des supérieurs. Ce paradoxe apparent sert de base à des calculs d'une absolue vérité. »

« La distance de la terre à Sirius est énorme d'après nos mesures. Les vides intérieurs d'une molécule peuvent être aussi considérables pour des êtres doués d'un autre *criterium* de grandeur. . . . . . . »

« Des mondes renfermant des mondes, l'infiniment petit de l'un étant l'infiniment grand de l'autre, voilà la vérité. Notre réalité (celle où nous vivons et qui pour nous est le fini) est faite avec des infinis d'un ordre inférieur ; elle sert elle-même à faire des infinis supérieurs. Elle est un infiniment grand pour ce qui est au-dessous, un infiniment petit pour ce qui est au dessus, un milieu entre deux infinis. »

La concordance, on le voit, est frappante, elle est

précieuse au point de vue des vérités que M. Renan et moi nous cherchons; mais elle s'arrête là. J'aurais beaucoup à dire sur plusieurs des idées émises dans l'*Examen de conscience philosophique* de M. Renan. Cette critique ne serait pas bien placée dans un ouvrage comme celui-ci, où l'affirmation (hypothétique, il est vrai) tient une si grande place, et où le commencement de démonstration résulte moins des faits énoncés ou rappelés, ou des arguments contenus en chaque article, que de l'ensemble même de l'exposition. Le mieux est donc de m'en abstenir pour le moment.

Il est intéressant de rapprocher de cette vue de M. Renan, un passage remarquable de Pascal que je trouve dans le livre des *Pensées* au moment où s'impriment ces pages. Voici comment s'exprime le philosophe-savant : « Qu'est-ce qu'un homme dans l'infiny? qui le peut comprendre? Mais pour luy présenter un autre prodige aussi étonnant, qu'il recherche dans ce qu'il connoist les choses les plus délicates. Qu'un ciron, par exemple, luy offre, dans la petitesse de son corps, des parties incomparablement plus petites, des jambes avec des jointures, des veines dans ces jambes, du sang dans ces veines, des humeurs dans ce sang, des gouttes dans ces humeurs, des vapeurs dans ces gouttes. Que divisant encore ces dernières choses, il épuise ses forces et ses conceptions, et que le dernier objet où il peut arriver soit, maintenant celuy de notre discours. Il pensera peut-être que c'est là l'extrême petitesse de la nature. Je veux luy faire voir là-dedans un abysme nouveau. Je veux luy peindre non seulement l'univers visible, mais encore tout ce qu'il est capable de concevoir de l'immensité de la Nature, dans l'enceinte de cet atome imperceptible. Qu'il y voye une infinité d'univers, dont chacun a son firmament, ses planettes, sa terre, en la même proportion que le monde visible ; dans cette terre des animaux, et enfin des cirons, dans lesquels il retrouvera ce que les premiers ont donné, trouvant encore dans les autres la même chose, sans fin et sans repos. Qu'il se perde dans ces merveilles aussi étonnantes par leur petitesse que les autres par leur estendüe. Car qui n'admirera que nostre corps, qui tantôt n'éstoit pas perceptible dans l'univers, imperceptible luy-mesme dans le sein du tout, soit maintenant un colosse, un monde, ou plutost un tout, à l'égard de la dernière petitesse où l'on ne peut arriver ? »

« Qui se considérera de la sorte, s'effrayera sans doute de se voir comme suspendu dans la masse que la Nature luy a donnée entre ces deux abysmes de l'infiny et du neant, dont il est également éloigné : Car enfin qu'est-ce que l'homme dans la Nature ? Un neant à l'égard de l'infiny, un tout à l'égard du néant, un milieu entre rien et tout. Il est infiniment éloigné des deux extrêmes... »

On n'a pas fait assez grande attention à cette pensée du philosophe géomètre, je suppose parce qu'elle se trouve comme isolée parmi les autres. Elle ne cadre guères avec les préoccupations véhémentes du *croyant*; et — je ne puis m'empêcher de m'en apercevoir. — Leibniz, aussi bien que Pascal, en partant des idées qui lui ont fait écrire sa théorie incomplète et aberrante de la *monade*, serait arrivé à formuler précisément le même ensemble d'hypothèses que j'ai tenté de construire et d'exposer. L'autorité de leur théologie me semble avoir barré la voie à l'un et à l'autre. C'est ainsi que ces deux grands esprits se sont arrêtés dès les premiers pas en cette étude, sentant l'impossibilité de mettre d'accord leur science avec leur foi.

En poursuivant mes recherches, d'une âme parfaitement sereine et libre, j'ai été conduit à penser que l'éther de notre univers n'est ni un milieu homogène, ni un corps simple — j'en donnerai les raisons ailleurs et plus tard — et qu'il est composé de quatre ou cinq éléments éthérés, ou bien qu'il y faut considérer des monades de grandeurs différentes bien que *comparables* de quatre ou cinq espèces, ce qui revient au même. Plusieurs ne verront là qu'une complication inutile. Ils changeront d'opinion peut-être quand ils sauront que ces quatre ou cinq éléments suffisent à expliquer la formation de tous les corps de la nature et tout le dispositif astral de l'univers, et cela sans sortir des idées cosmogoniques du temps où nous vivons. Or, je l'ai presque démontré, il est difficile de concevoir un atome ou une monade autrement que comme une masse éthérée, dont l'éther est d'une subtilité quasi-infinitésimale par rapport à l'éther de l'univers accessible à nos sens. Si cela est, cet éther de la monade, composé aussi de quatre ou cinq éthers élémentaires, devrait *nécessairement* constituer un univers par une cosmogonie pareille à celle du nôtre et par un pareil mécanisme.

Il ne sera pas inutile de préciser davantge, en finissant cette dernière note, mon sentiment sur une question que M. Renan touche aussi, mais sans la résoudre. Il s'agit du commencement et de la fin du monde, de l'univers, des univers.

Tout cela a-t-il commencé *une fois*, pour finir un jour à tout jamais?

Nous considérons la Force et la Matière comme éternelles; mais c'est là une sorte de dogme conforme à l'expérience scientifique dont la démonstration rigoureuse n'est pas à notre portée. Tout ce que nous pouvons dire, c'est que la permanence sans limites dans le temps et dans l'espace de ces deux facteurs de la Réalité nous est facile à comprendre, tandis que leur éduction du néant et leur retour au néant nous paraissent de pures absurdités.

Mais cela ne résout rien quand aux innombrables combinaisons rythmiques et morphiques constituant un monde ou un univers.

Que l'on s'en tienne à la grande hypothèse cosmogonique de Laplace, ou qu'on admette les conceptions plus récentes et plus compréhensives peut-être, formulées par M. Faye, ou quelque théorie intermédiaire (car il reste encore beaucoup d'indéterminé en ces questions) on ne peut s'empêcher d'admettre la nécessité d'un commencement. Or l'idée d'un commencement provoque immédiatement celle d'une fin.

Plusieurs savants ont pensé avoir démontré la nécessité de cette fin.

Voici comment M. Jouffret s'exprime sur ce sujet. (Introduction à la *Théorie de l'Énergie*) :

« D'après un calcul d'Helmholtz, le système solaire ne posséderait plus que la 454ᵉ partie de l'énergie transformable qu'il avait lorsqu'il était à l'état de nébuleuse. Bien que ce résidu constitue encore un approvisionnement dont l'énormité confond notre imagination, il sera un jour dépensé aussi. Plus tard, la transformation sera accomplie pour l'univers entier, et il finira par s'établir un équilibre général de température comme de pression. L'énergie ne sera plus susceptible de transformation, ce sera, non pas le néant, mot vide de sens, non pas l'immobilité proprement dite, puisque la même somme d'énergie existera toujours sous forme de mouvements atomiques, mais l'absence de tout mouvement sensible, de toute différence, de toute tendance, c'est-à-dire la mort absolue. »

« Les planètes ne circuleront plus autour des soleils éteints. Des agglomérations successives se seront produites, ayant développé à chaque fois une immense chaleur et pu rouvrir une période vitale plus ou moins longue ; ayant créé des systèmes solaires de plus en plus gigantesques mais de moins en moins nombreux ; ayant abouti enfin à tout réduire en une seule masse qui, après avoir tourné bien longtemps sur elle-même, finira par devenir immobile relativement à l'espace environnant ; masse désormais homogène, insensible immuable, dont rien ne troublera plus l'éternel repos. »

« Tel est, étant admise la permanence des lois qui régissent aujourd'hui la nature et le raisonnement, l'état vers lequel converge l'univers, cet état d'équilibre stable et définitif dont il a été question dans l'énoncé de la loi de la conservation de l'énergie. »

« Ce grand écroulement (?) n'a pas été soupçonné de Laplace qui, trompé cette fois encore par le calcul, a cru que tous les dérangements étaient essentiellement périodiques, que le système du monde se balançait autour d'un état moyen en s'en écartant très peu, et que sa stabilité définitive ne courait aucun risque. En revanche, on pourrait voir dans l'Apocalypse l'annonce de cette fin de tout mouvement et de toute individualité : « Et l'ange... jura qu'il n'y aurait plus de temps désormais (Chap. X, versets 5 et 6). »

Au lieu de cette masse finale « homogène, insensible, immuable dont rien ne troublera plus l'effrayant repos », on pourrait admettre en acceptant les idées de M. Stanislas Meunier et de quelques aut res savants sur la fin des planètes refroidies, que celles-ci doivent absorber toute la matière liquide et gazeuse répandue à leur surface, puis se détruire par segmentations successives. Les soleils périraient ainsi à leur tour comme les planètes et tout retournerait au chaos primitif. Je dirai bientôt comment on peut se représenter ce chaos.

La science n'est pas encore en état de juger ces théories ou plutôt ces hardies conjectures.

Une telle masse unique, à la fin immobilisée, suppose l'idée contradictoire d'*attraction*, l'absurde hypothèse de l'*action à distance*. Cela suffit pour en rejeter la probabilité. Si la gravitation se fait suivant

quelque théorie concevable, soit, comme je l'ai proposé par l'action rayonnante des corps (groupes moléculaires, planètes ou soleils) disposant en système
convergent les actions rythmiques disséminées de
l'un des éléments de l'éther, il en résulte nécessairement que l'affaiblissement du rayonnement est en rapport nécessaire avec la disparition progressive de
toute pesanteur, de toute gravitation, de toute formation sphérique. Si la dispersion de toute force de
rayonnement a ramené un corps, une masse quelconque au froid absolu et à l'immobilité, la même
chose aura lieu entre les groupes moléculaires intérieurs et amènera fatalement une dispersion des cohé-
sions et des affinités intérieures lesquelles ne sont que
des gravitations et des pesanteurs intermoléculaires.

En définitive il en résultera la résolution de la
masse en ses éléments constituants ainsi libérés, lesquels tarderaient d'autant moins à se répartir, en tendance uniforme, parmi les éléments libres de l'éther,
que ceux-ci posséderaient toute l'énergie abandon-
née par les grandes masses matérielles. Et cela aura
lieu avant que des masses énormément plus volumineuses aient eu le temps de se former. Cette forma-

tion de masses plus volumineuses formées de la convergence de plusieurs centres n'est possible, en des circonstances présumables, que pendant les périodes où le rayonnement s'opère en sa normale activité. Il est donc à peu près impossible de concevoir la fin d'un univers autrement que par le retour à la dissémination primordiale.

Ce chaos primitif diffère extrêmement de ce que les anciens appelaient ainsi. On peut le concevoir comme la restitution à l'éther — que je crois composé d'éléments multiples, en rapport avec les rythmes dynamiques, — soit aux quatre éthers du milieu cosmique, de toutes les monades composantes de la matière pondérable formant le cinquième élément. L'éther ainsi conçu contenant, en leurs monades propres à l'état d'inscription rythmique, les germes de tout ce qui sera.

Dès lors la notion d'un recommencement s'impose à l'esprit[1].

---

[1] Cette nécessité n'avait pas échappé aux anciens philosophes de l'Inde brahmanique : « ..... C'est par une méditation de ce genre qu'autrefois le Dieu qui est né de lui-même, Brâhmâ, dont le regard est fécond et l'intelligence active, recouvrant la mémoire qu'il avait perdue, put recréer cet univers tel qu'il était avant sa

Nous sommes dans le cas hypothétique imaginé par Laplace, et, de nos jours, admis par les savants qui ont essayé d'exposer une cosmogonie rationnelle.

Nous ne pouvons pas supposer qu'une extrême simplicité des choses ait eu, à partir ou en arrière d'un point donné de la durée, une durée éternelle. De là naît la nécessité d'admettre la rythmique générale des univers. Un commencement ne peut être qu'un recommencement, et une fin n'est jamais que la limite d'un mouvement élémentaire de rythme qui sera suivi d'un pareil mouvement élémentaire.

Sans cela, comment pourrions-nous concevoir une évolution quelconque? Et cela admis, même comme pure hypothèse, nous retrouvons en tous les objets de nos recherches, l'analogie constatée en tout ce que nous connaissons, et que nous ne pouvons nous empêcher d'admettre en tout ce que nous ne connaissons pas.

Cet état primitif d'un univers, où les cinq éléments de l'éther cosmique règnent seuls, également répartis dans un espace d'une infinité relative, serait la réalité

destruction. » (*Bhâgavata Purâna*, traduction Burnouf, livre II, stance 1.)

correspondant à la rêverie creuse et sophistique de ce Néant dont certains philosophes veulent que Dieu ait fait le monde.

Le mot de *néant* n'est qu'une expression du langage humain, un instrument de logique verbale et ne correspond à aucune possibilité. On arrive à force d'illogisme presque à lui donner un corps.

Mais la coexistance dans l'espace des cinq éthers élémentaires, coexistance qui doit être réalisée temporairemennt toujours quelque part dans l'infini de l'étendue, est bien loin d'être en quoi que ce soit le néant.

Elle est la matière et la force. Elle est le rythme primitif; et, comme les innombrables formes de la création y sont contenues à l'état de rythmes inscrits, elle contient autant de complexité (soit réalisée, soit à l'état virtuel) que tous les autres moments d'une évolution universelle quelconque.

On peut dire qu'en elle, se trouvent les conditions déjà contenues de la création de tout ce qui s'y produira, notamment et d'abord des nébuleuses, des amas stellaires, des soleils, des systèmes planétaires et cométaires, ce que l'on peut concevoir le plus facilement. On peut dire aussi que, dans ce sens, le rythme représentant ces choses est la parole même de Dieu, le Verbe se faisant monde; car Dieu ne saurait parler un idiome humain, et ne doit s'exprimer que par ces rythmes véritablement créateurs des choses, parce qu'ils en contiennent toutes les conditions essentielles.

Je n'ai plus à revenir ici sur la manière dont se fait cette création de notre univers, des univers en séries d'infiniment grand en infiniment grand, et de celui que toute âme possède, et de ceux qu'elle contient, à partir de son existence actuelle, d'infiniment petit en infiniment petit... J'ai dû couper court à mille développements et à mille applications aux choses de la vie, apparaissant avec toute évolution de la pensée, autour de si grandioses questions. L'art de bien parler de ces choses dépasse de beaucoup mes facultés. Je crois même que les plus grands talents littéraires y trouveraient des difficultés considérables.

Contentons-nous d'entrevoir et de tracer quelques lignes principales non sans beaucoup d'omissions, de redites et de fautes.

Si, comme je l'ai supposé, l'âme humaine (et aussi

l'ai-je admis pour toutes les autres âmes) a pour domaine propre une monade-univers avec la courbe hélicoïde lui assurant le souvenir absolu de ses incarnations — et j'ai dit assez comment ces incarnations peuvent se faire — il est certain qu'elle recommencera son évolution dans l'univers ressuscitant. Il est probable que la qualité de son action sur elle-même dans l'immense évolution précédente ne sera pas indifférente à ses nouvelles destinées, d'incarnation en incarnation, de période divine en période divine.

Il est admissible pareillement que pendant la période actuelle de notre univers, l'univers-monade qui est notre domaine propre accomplira un nombre immense de recommencements et de fins de même nature, le rythme étant la loi de toutes choses.

Il est la loi la plus générale dont nous puissions avoir une conception claire. Cette conception se perd comme toutes les autres dans la notion d'infini où nous ne saisissons plus rien, car c'est là le domaine de l'impénétrable divin.

L'espace infini dans le sens absolu de l'expression n'est plus ce que nous appelons *un espace*, il n'est plus une quantité ou une grandeur susceptible d'augmentation ou de diminution. Il en est de même du *nombre infini* qui n'est plus un nombre. Et ainsi de tous les infinis.

Mais ces commencements et ces fins d'univers n'ont pas lieu en même temps; les uns commencent quand d'autres sont près de finir. L'Absolu, l'Éternel ne se repose jamais.

L'ange de l'Apocalypse n'a donc rien à jurer, rien à dire. Et la vie des univers et des âmes, qui est aussi celle de Dieu, a été, est et sera. Elle est bien réellement éternelle.

TABLE DES MATIÈRES

www.ingramcontent.com/pod-product-compliance
Ingram Content Group UK Ltd.
Pitfield, Milton Keynes, MK11 3LW, UK
UKHW020127130726
13696UKWH00001B/245